U0014895

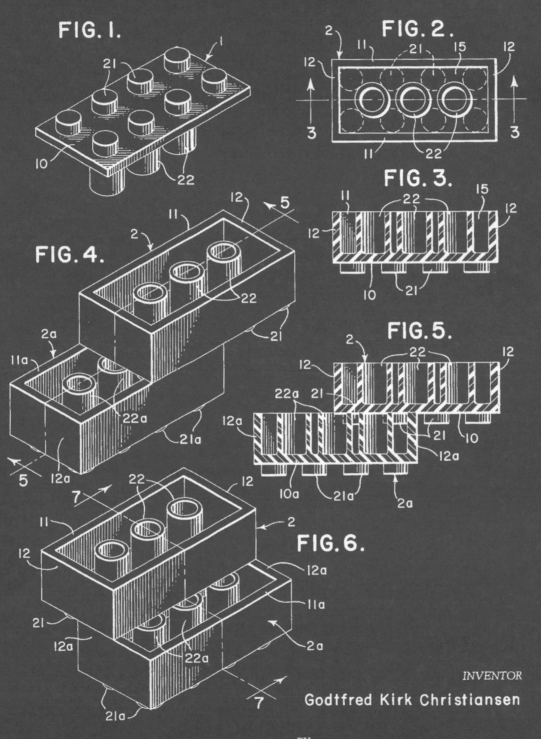

FIG. I.

FIG. 2.

FIG. 3.

FIG. 4.

FIG. 5.

FIG. 6.

INVENTOR

Godtfred Kirk Christiansen

BY

Stevens, Davis, Miller & Mosher
ATTORNEYS

The Cult of LEGO®

約翰·拜區特爾
喬伊·曼諾

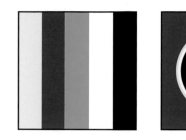

no starch press

The Cult of LEGO®

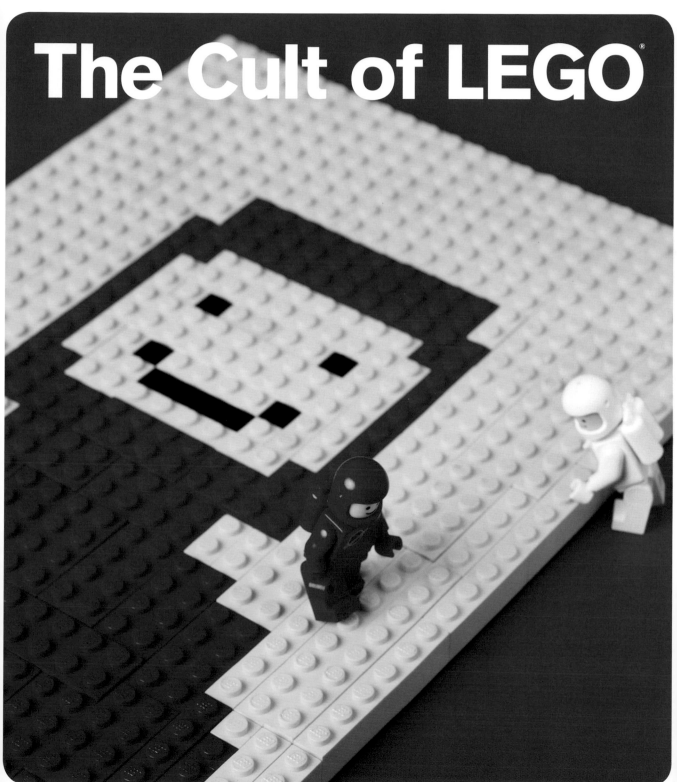

Neo Design 18

樂高神話
The Cult of LEGO

作　　　者／約翰‧拜區特爾John Baichtal、喬伊‧曼諾Joe Meno
企 劃 選 書／蔣豐雯
責 任 編 輯／賴曉玲
版　　　權／葉立芳、翁靜如
行 銷 業 務／何學文、林秀津
副 總 編 輯／徐藍萍
總 經　 理／彭之琬
發 行　 人／何飛鵬
法 律 顧 問／台英國際商務法律事務所 羅明通律師
出　　　版／商周出版
　　　　　　地址：台北市中山區104民生東路二段141號9樓
　　　　　　電話：(02) 2500-7008　傳真：(02)2500-7759
　　　　　　E-mail：bwp.service@cite.com.tw
發　　　行／英屬蓋曼群島商家庭傳媒股份有限公司城邦分公司
　　　　　　台北市中山區104民生東路二段141號2樓
　　　　　　書虫客服服務專線：02-2500-7718‧02-2500-7719
　　　　　　24小時傳真服務：02-2500-1990‧02-2500-1991
　　　　　　服務時間：週一至週五09:30-12:00‧13:30-17:00
　　　　　　郵撥帳號：19863813　戶名：書虫股份有限公司
　　　　　　讀者服務信箱：service@readingclub.com.tw
　　　　　　城邦讀書花園：www.cite.com.tw
香港發行所／城邦（香港）出版集團有限公司
　　　　　　香港灣仔駱克道193號東超商業中心1樓
　　　　　　E-mail：hkcite@biznetvigator.com
　　　　　　電話：(852) 25086231　傳真：(852) 25789337
馬新發行所／城邦(馬新)出版集團
　　　　　　Cité (M) Sdn. Bhd.
　　　　　　41, Jalan Radin Anum, Bandar Baru Sri Petaling,
　　　　　　57000 Kuala Lumpur, Malaysia
　　　　　　電話：(603) 9056-3833　傳真：(603) 9056-2833

封 面 設 計／張福海
版 面 設 計／張福海
印　　　刷／卡樂彩色製版印刷有限公司
總 經　 銷／高見文化行銷股份有限公司
　　　　　　地址／新北市樹林區佳園路二段70-1號
　　　　　　電話：(02) 2668-9005　傳真：(02) 2668-9790
　　　　　　客服專線：0800-055-365

■2012年7月31日初版　　　　　　　Printed in Taiwan
■2017年6月26日初版13刷
定價／1200元
阿福價／690元
ISBN 978-986-272-197-1　　　　　著作權所有‧翻印必究

國家圖書館出版品預行編目(CIP)資料

樂高神話/約翰‧拜區特爾（John Baichtal）、喬
伊‧曼諾（Joe Meno）著；蔡宜真 譯 -- 初版. --
臺北市：商周出版：家庭傳媒城邦分公司發行；
2012.07 面；19×26公分（Neo Design 18）
ISBN 978-986-272-197-1(平裝)

1.玩具業　2.丹麥　3.嗜好　4. 設計

487.85　　　　　　　　　　101000942

僅將本書獻給我的父母親，他們鼓勵我寫作；以及我最小的樂高迷們：愛蓮、蘿絲，和傑克。但第一要感謝的是我深愛的妻子艾莉絲，她的鼓勵和激發成就了本書。
—約翰

僅獻給身為樂高社群一份子的許多人，以及我的家人和朋友。
—喬伊

感謝所有的樂高玩家，你們的作品啟發了這本書。

目錄

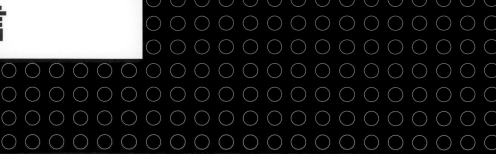

這是個樂高世界，你不過是居住在其中罷了。

任何一個玩樂高夠久的人，最後都會問這個問題：為什麼不是所有的東西，都是用樂高做的？想像一個糖果般顏色、可以無限擴充，只受限於想像力的世界。對你的家具覺得膩了嗎？來個客廳模型組合吧！想要辦個時髦的晚餐派對嗎？打破那些每天用的盤子，組合一些新的擺飾吧！看膩了你買了兩年的車了嗎？重新安排它的積木排列，做出讓哈利・厄爾 (Harley Earl) 也會臉紅心跳的運動型車尾翼板！

譯按：Harley Earl是美國通用汽車首位設計副總裁。現代運輸工具的設計前鋒者。

從約翰・拜區特爾和喬伊・曼諾合著的這本迷人的書中內容看來，上述的情境也不算是太牽強。許多熱衷樂高的人會說，從小就玩樂高，讓他們可以用不同的眼光看這世界。腦中裝著樂高，這個實體世界就變成一個可以被改變的平台，而樂高就是拿來邊想邊設計的最佳原型材料。你可以看到人們用樂高做成照相機、樂器、科學儀器，還有會煎米老鼠鬆餅的機器人。（噓！不要告訴迪士尼，不然下次這個人做早餐給小孩吃的時候，迪士尼就會襲擊他們可憐的家。）

為何樂高積木這麼好用？它不僅是個玩具，還是個嚴肅的實體開發平台。其中有很多原因，但有幾項原因特別突出：

標準化組件。任合一片樂高積木都會開開心心的，和另一片幾乎任何現存的積木連結在一起。從1958年生產的古董積木，到加州Carlsbad的樂高世界主題樂園裡，以及最新推出的積木組合都是。

多樣化組件。拜迅速增長的配件和【創意大師】（TECHNIC）系列的組件所賜，熱衷者現在有了上百種不同的樂高組件可以用，從各式各樣的齒輪、輪子，到氣動裝置和微控制器都有。

容易使用。一個兩歲小孩，一拿到樂高在手，第一件想做的事就是把它放進嘴巴裡。其次就是把積木組合在一起，然後再拔開。使用樂高不需要手冊說明。

不易毀損。我有個朋友，專門掃車庫大拍賣，去買一分錢一桶、髒兮兮的二手樂高積木。等到回家之後，他就把積木丟進洗衣網袋裡，用洗衣機洗一輪。洗完之後，閃亮亮像新的一樣。樂高積木對於幾乎任何施加在它們身上的懲罰，都逆來順受。

就如同約翰和喬伊將要在本書中帶你經歷的，這個看似簡單的玩具的這些特色，最後變成一場多元創造力的大爆發，讓人目眩神迷。

好好玩吧！

馬克・法藍殷菲爾德 (Mark Frauenfelder)

《MAKE》雜誌主編

簡介

《樂高神話》述說一段令人驚奇的故事，關於樂高這種令人驚奇的玩具，以及因樂高而改變一生的人們。如果你覺得，樂高不過是小孩子的玩意兒，看完本書將會讓你改觀。

簡而言之，《樂高神話》內容有一群成人樂高迷，以及他們所熱愛的樂高。這些玩家將玩玩具變成一種藝術（甚至是貨真價實的藝術品），並喚起公眾的注意力。全世界有上萬個家庭，曾經參觀過樂高年會；不僅報紙會報導這些年會中的玩家作品，甚至還會出現在電視的晚間娛樂節目中。他們的作品，每年都表現出更高的野心和技術。

樂高的核心，當然是創造樂高的這間公司。他們是如何將小小的塑膠磚塊，變成全球市場上最知名、最受尊敬的品牌？本書的第1篇就從敘述**樂高的歷史**開始，回溯樂高集團如何從一個位於丹麥Billund的裝潢公司，因為從不放棄創辦人的理念，而成功地轉變為跨國企業。

在第2篇**重回樂高懷抱**單元中，我們提出本書最核心的問題：為何會有這麼多成年人愛上樂高？此間我們探討了黑暗期的概念，也就是在樂高迷的生命中，曾經對玩樂高失去興趣的那段時日。我們也採訪了一些實例，挖掘這些人的感受及觀點。

在第3篇中，我們則探討**樂高人偶熱**。樂高玩家似乎總是能在作品中，注入人性的光輝；而樂高人偶的存在，顯然讓這些作品更加人性化。這些可以客製化的可愛小人偶，在樂高模型中代表人類。這些人偶的公訂尺寸，是以人類在模型中的實際比例而定。樂高粉絲們會用官方版或非官方版的配件改造人偶，並經常將他們改造成社會名人或電影明星。

第4篇則向那些致力於**再現經典**的玩家們致敬。樂高一開始是用來給孩子們建造房屋或車子用的，而這些成人玩家們，讓這個原始的功能更上一層樓，建造出繁複得多的高階模型。他們以馬賽克的方式，點滴建構出他們喜愛的電影中的人物及經典場景；或是以樂高積木複製出辦公大樓及知名的船艦。

相反地，第5篇則呈現由科幻小說啟發、永遠不可能在現實生活中出現的樂高模型。本章中探討**構築幻想**的境界，從「蒸氣龐克」（steampunk，是以維多利亞時代為靈感的可愛幻想情境）式樣，到呈現末日後景象的「末日樂高模型」。

第6篇中要探討的是**樂高藝術**，這裡指的是真正的藝術作品。我們研究那些選擇樂高作為創作素材或媒介的公認藝術家們，他們的作品不僅進入博物館及藝廊，也在全世界巡迴展出。這些作品出色到足以在任何展覽中佔有一席之地。這些使用或描繪樂高積木的作品，並不因此而減損其成就，或是被輕忽以待。對樂高藝術家來說，樂高就是他們用來表現藝術概念的工具。

建造樂高積木模型的人，也喜歡用樂高說故事。在第7篇中，我們將探討人們透過模型、漫畫或是定格動畫等方式，用樂高組織並敘述各種故事。我們也探討擬真場景模型；一種由玩家們（或團隊）所建構的大型模型，裡面包含

了數十個故事場景。另一方面，袖珍模型則在很小的尺寸中，呈現故事內容，挑戰玩家的創意和細心。

有關**微型／巨型**的尺寸問題，則在第8篇中討論。在建構模型時，有些玩家傾向越大越好，畢竟，看到一個由100000個組件構成的模型時，怎能不讓人印象深刻、發出「哇嗚」的驚嘆聲呢？相反地，有些人則喜歡越小越好。這些玩家喜歡以盡量有限的組件，構築他們的異想世界，並在越小越好的範圍內，組裝出富於細節的作品。

如果去掉了塑膠積木，樂高還是樂高嗎？第9篇**數位積木**，將探討樂高集團另一個傑出的面向：勇於以現有的產品為基礎，進行創新。從九○年代開始，他們就以一系列遊戲及建築程式，娛樂一干玩家們。他們甚至研發了多人線上遊戲「樂高宇宙」，讓玩家們可以化身樂高人偶，在虛擬世界中冒險犯難。許多粉絲也加入有趣、創意十足的線上3D模型工廠，用官方或非官方的組件進行建構，並用3D印表機列印出來。

第10篇依然是科技的天地。**樂高機器人：建構聰明模型**，這又是另一項樂高集團從原來的產品轉型發展的領域，近幾年來已發展出許多組機器人套件。其中一個系列【動腦】（MINDSTORMS），更成為該公司銷售量第一的商品，目前已有許多該系列相關的社團組織及活動。為這種風潮推波助瀾的產品也列入本章中，如：樂高無人飛機、可解開魔術方塊的機器人，以及一種可以浮在水面上清除惱人小蟲的玩意兒。

在第11篇**集會**中，集結了樂高年會的編年大事。只要樂高迷存在的一天，他們就會不停的聚會分享。在這些年會中，樂高迷進行技術交流、共同哀悼遭停產的產品線；還有最重要的：秀他們的新作品。因此年會也成了樂高迷向世界展現嗜好的管道，現在幾乎每個樂高年會都有所謂的「大眾日」（public days），將作品開放大眾參觀。

透過本書，讓人驚訝地發現，玩樂高不只是個嗜好，它的功能更遠遠超出死忠樂高迷的領域。在12篇中，深入探討了**嚴肅玩樂高**的議題，本章的主題和奇門巧思、樂趣都無關。看看自閉症的孩子，如何透過與他人共同建構樂高模型，從而建立社交技巧；行銷部門又是如何透過樂高模型，宣傳新產品；學生們則利用樂高，進行科學實驗，探討大氣現象。這些案例在在道出樂高驚人的影響力，已從遊戲時間，跨入科學與藝術的範疇，並讓人們的生活更加美好。

在《樂高神話》一書中，讀者將充分感受到這種玩具的不凡——它很可能是史上最偉大的玩具——並因著樂高迷的熱情，而使樂高成為一種藝術。

開始感受吧。

THE HISTORY
OF LEGO
1 樂高的歷史

只要隨手抓一把樂高積木，就可以發現它們的多樣變化。

樂高巨大的影響力無庸置疑。75%的西方家庭中，都可以找到樂高的蹤影。根據樂高的官方網站資料，全球每個人平均擁有62片樂高積木，這些積木有2400種不同的形狀，以及53種顏色。你可能會想：有這麼多樂高玩具在世界上流竄，想必會有些妙事發生……一點也沒錯。

本書英文版出版時，YouTube上有超過200000支樂高影片，Fliker上有超過1000000張照片標註「樂高」。樂高組件被用來搭建3D模型、無人飛機、益智玩具巴克球。建築師用樂高呈現結構模型，藝術家則用它們製作出可以在博物館中展出的作品。數萬個樂高迷每年參加全球各地的樂高年會。

畢蘭：泥炭沼澤和樂高的家鄉

Billund: Home of Peat Bogs and LEGO

樂高集團的總部目前依然座落在丹麥的畢蘭。

樂高集團創立於丹麥名叫畢蘭的一個小鎮，並且非常樂高式地從此就沒再搬遷過。雖然畢蘭在樂高版圖中位居要角，但此地並非一個大都會。在樂高設立之前，此地以泥炭沼澤中出土的化石聞名。這些距今5000年以上的人類化石，因泥炭沼澤的特殊環境保存良好，足供深入的科學研究。

今年，和鄰近的市鎮合併之後，畢蘭現在佔地207平方英哩，人口卻僅有26000人，其中6000人居住在畢蘭鎮上。為了讓這數字更具體，我們可以拿紐約5個行政區中，人口最少的史德頓島為例，這個面積僅畢蘭3倍的地區，人口就有477000人。

要說世上沒有任何一家玩具公司，可以在當地造成這麼大的影響力，確實一點也不誇張。畢蘭鎮的樂高世界，出現在所有的丹麥旅遊介紹網站中。集團總部及樂高主題樂園，讓鄰近的畢蘭機場成為丹麥全國吞吐量第二的機場。但可別以為此地每一座繁忙的樂高工廠都對外開放。若你真的想參觀工廠，可得有掏出大把銀子的心理準備；有限制的參觀行程，要價9000克朗──相當於17000美金。

其實整個丹麥都有種樂高的感覺。樂高的前員工尤瑞克·皮訥嘉和麥克·杜利在《樂高禁地》（*Forbidden LEGO*，2007年No Starch Press出版）一書中寫道：「幾乎每個丹麥家庭中，都有樂高的蹤影；事實上，樂高本身就是丹麥精神和文化交織的產物。有時走在丹麥小鎮中，你會覺得像是走進了樂高世界──每樣東西都有樂高的影子，從窗戶的形狀、牆上的商標顏色、屋頂還有門都是。有時很難分辨，到底是樂高模仿這些建築，還是這些建築模仿樂高？轉個彎，你又會看到一座連著車庫的加油站，真搞不懂，到底是樂高影響了這些建築，或是正好相反？」

如果說，畢蘭是個樂高鎮，那丹麥就是樂高國。皮訥嘉在一次訪問中說道：「丹麥人以樂高為榮，大多數人都希望看到樂高稱霸全球市場。在丹麥長大的人，多多少少都曾接觸過樂高，因而對這個品牌產生情感。它完全貼合丹麥的生活方式：大多時候，我們重視品質更甚於價格。」這種精神可以在許多丹麥產品中見到，這些產品泰半比競爭者的價格更高，但可以耐用更久。

樂高充滿創意的玩具，也反映了丹麥的文化。著名的童話作者安徒生、作家凱倫·白列森、幽默演員兼音樂家維克托·柏厄，以及哲學家齊克果等人，皆誕生於這個饒富創意的國家。丹麥的工業設計，不僅在全球聞名，也在國內發揮其優勢。丹麥的人均國民生產毛額（GDP）比美國以及大多數的歐洲國家還高。高生產力再加上丹麥人對好設計的喜愛，成就了丹麥人對品質的熱情。

6

只有最好的
才夠好

Only the Best Is Good Enough

在丹麥畢蘭的樂高總部裡，有塊木製的牌圖，刻著丹麥文的公司精神標語：「只有最好的才夠好」。

在樂高集團裡，有個流傳許久的故事：有一次，樂高集團的創辦人歐爾 (Ole Kirk Christiansen)，看見他兒子高佛瑞 (Godtfred)，把公司早期生產的木製拖拉玩具上的塗漆減料，原本需要塗3層的漆，但高佛瑞為了降低成本，只塗了2層。他於是讓高佛瑞將所有的玩具重新上漆，因為樂高集團中心思想就是：「只有最好的才夠好」！

我們聽過太多公司這麼宣稱，每個企業總說要以消費者為尊，但鮮少有企業真的做到。不管一開始的時候，這個承諾聽起來有多真誠，但或遲或早，現實總會讓承諾退色。也許是公司實行精簡策略，或是趁機裁撤一個看似無謂的小單位。有哪個消費者不想要更便宜的產品？又有哪個執行長不想賺更多錢呢？

樂高集團與眾不同之處在於，他們似乎把這話當真。就各種跡象看來，儘管面對各種壓力和誘惑，這家公司依然把品質，置於追求更多收益之上。為什麼呢？也許是因為樂高至今依然未上市。上市公司最大的問題是，投資人都想在最短的時間內，讓資金獲得最大的收益。如果管理階層不把工廠遷移到廉價國家、簡化製程，這些股東就群情激憤。對這些上市公司來說，製造耐久而且吸引人的產品，只是次要的問題。

樂高集團不僅不用血汗工廠生產產品，而且大多數的製程都由集團自行完成，以確保生產品質，號稱1000000個積木只有18個瑕疵品。樂高集團甚至對那些已外包製程，也同樣保有其專業人才，以便需要時可以收回自行製造。樂高積木不僅符合玩具安全標準，還符合食品安全標準。品質之好，你可以直接拿它們來吃飯！

有些玩具廠商特別強調品質，其產品卻成了某種「精品玩具」。想想，就是那些要價上千美金、讓你小時候直流口水、寫在生日禮物願望清單上，卻心知肚明沒有可能收到的玩具。

對企業經營來說，品質是兩面刃，一旦產品過於重視品質，就沒有人買得起。另一方面，透過簡化製程維持低廉的零售價，又可能讓玩具淪為便宜的垃圾。對於選擇後者的企業來說，品質之差讓人避之唯恐不及；從使用含鉛塗料、製造過程瑕疵，到雇用廉價勞工生產滿坑滿谷廉價商品引起的道德爭議，問題不一而足。

儘管面對巨大的壓力，幾十年來，樂高集團依然堅持在畢蘭鎮生產，直到迫於競爭，不得不將部分生產線移往墨西哥及東歐。但樂高依然堅持使用高價的ABS塑膠為原料，即使有越來越多品質較差、但價格較為低廉的選項出現。

但是，為何樂高的價格並非天價？答案就在於樂高積木模組化的尺寸中。樂高推出的模型，利用各種尺寸的積木構成，這些積木分開來賣都不貴，而依據各種不同的組合可以符合各種預算的消費者需求。舉例來說，一組由1000片積木組成的模型組合固然不便宜，但一組20片的模型則大多數的父母都買得起。一旦購買，樂高積木就像傳家寶，一盒積木可以從一個孩子傳到另一個孩子手上，甚至一代傳一代。

樂高集團真實面：改變總在發生

The LEGO Group Reality: Change Happens

雖然身為一個傳統的家族企業，樂高卻很能適應改變。一開始，改變是為了生存。公司的創辦人歐爾（譯按：為了區別樂高家族幾位老闆，因此採用名而非姓）本來是個木匠，專事建造和裝修房屋，但在後來大蕭條時代中，營造業急遽衰退，同時大多數的屋主也負擔不起重新裝修的費用；於是歐爾轉而開始製造玩具。他把公司取名為LEGO，與丹麥文leg godt諧音，意思是「好好玩」。

剛開始，歐爾的公司生產許多日用產品，包括熨衣板、吊衣架、梯子等等。但他對於拖拉玩具和積木特別擅長。公司的第一個暢銷產品，就是在1935年出品的一隻拖拉玩具鴨子；因為這個產品實在太熱銷了，因此變成公司創立的象徵。在樂高集團創立75週年的慶祝會上，這隻鴨子不僅是這場公司盛會的標誌，每個員工還會收到一個和鴨子有關的小禮物。

1930年代後期，歐爾的公司規模小幅成長，員工達到10人。1940年代初，丹麥被納粹佔領，但歐爾的小店業務依然不受影響，1943年時，雇員甚至達到40人。

1947年，公司發生劇烈的變化。由於塑膠玩具日漸普遍，公司於是砸下重金30000丹麥克朗（約5700美金），購置一台塑膠射出成形機。隨後的兩年內，公司的前三大熱銷產品都是塑膠製的：金魚、水手，以及一款可堆疊的積木，歐爾管它叫「自動組合積木」。

到了1953年，樂高生產的塑膠積木，變成公司最重要的主產品，並重新被命名為「樂高積木」。

（左上）樂高總部的點子房中，展出許多在樂高積木推出以前，樂高公司生產的木製玩具。

（上）公司創辦人歐爾的孫子，也是目前樂高集團的老闆：可秋‧科克‧克里斯欽森，在大批樂高迷的眼中，他是樂高維持一貫初衷的具體象徵。

（下）歐爾的公司所生產的第一款商品：就是這隻拖拉鴨子，成為這一切的開端。

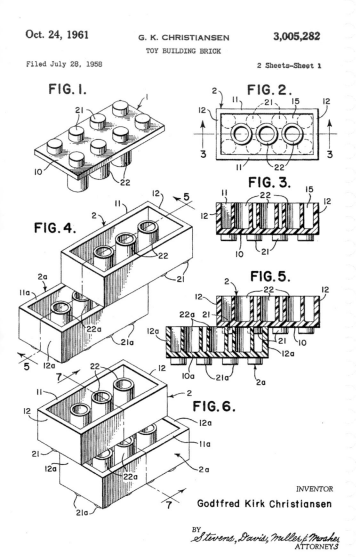

Oct. 24, 1961   G. K. CHRISTIANSEN   3,005,282

TOY BUILDING BRICK

Filed July 28, 1958   2 Sheets-Sheet 1

FIG. I.

FIG. 2.

FIG. 3.

FIG. 4.

FIG. 5.

FIG. 6.

INVENTOR

Godtfred Kirk Christiansen

BY

Stevens, Davis, Miller & Mosher

ATTORNEYS

（上）樂高積木在美國取得的專利，日期是1961年。

樂高集團持續地嘗試積木的幾種基本形狀，試著找出一種使積木榫接的方式，讓組成的模型夠堅固，卻不致於讓孩童拔不開。1958年，一種經過改良的卡榫系統終於誕生：以積木一端的小螺柱，塞進另一端下方的塑膠管中，使模型足夠穩固，如此一來，樂高積木終於呈現出現在我們熟悉的樣貌。令人難過的是，也在同一年，創辦人歐爾辭世了。

在歐爾死後，樂高的改變持續不斷。1960年，高爾的兒子高佛瑞買下其他兄弟的股份，取得經營權，並停止製造木製玩具。10年過去，樂高集團繼續創新，在1966年發表第一款電動火車，同年位於畢蘭鎮的樂高樂園也開幕。1969年，公司推出新系列電動火車，以及幼兒用的【得寶】(DUPLO) 系列積木。

到了1970年代，公司管理階層意識到，為了吸引年紀較大的兒童，有必要推出更豐富的樂高積木。在此構想下，1977年，樂高【專家】(Expert) 系列誕生了，使公司核心生產線向前邁進一大步。【專家】系列捨棄塑膠管和螺柱的榫接系統，使用一種插銷和孔的連結方式，以便建造更耐用的模型。你可能已經很熟悉【專家】系列，它就是現在的【創意大師】(TECHNIC) 系列。

隨著21世紀來到，樂高集團意識到，孩子們玩遊戲的方式有了劇烈的改變。具體來說，更朝向電子和電動發展，其中當然包括了電腦遊戲。根深柢固的樂高精神，當然也沒忘了順應這股潮流。

在1990年代晚期，樂高註冊了LEGO.com的網域名稱，並推出首度取得電影授權的玩具系列：聲勢驚人的【星際大戰】組合。1998年，樂高創造了【動腦】(MINDSTORM) 機器人組合。21世紀之交，發展出【生化戰士】(BIONICLE) 系列，這是一個可以和【創意大師】系列相容、再加上搭配元件，以呈現出生化戰士外型的主題系列。和商品同時推出的，還有透過網路、廣告和漫畫傳播的角色故事線，以及多樣化的配件；包括不同的面具、光碟等等，讓生化系列廣受收藏家喜愛。因為配件隨包不同，因此要完整收集這些配件，藏家必須購買許多組產品，或和其他玩家交換。

（上）樂高工廠中，積木的生產線之一。

（下）工廠中的倉儲桶中，無數的積木正等待最後的分類和包裝。

2005年，樂高首度出現赤字，原因是居高不下的製造成本，以及競爭者出現。樂高執行長約翰·偉克·努斯卓，對《積木天地》（BrickJournal，一本以樂高為其主要內容的雜誌）表示：「我們迷路了，」他又補充說道：「但現在我們至少知道自己是誰。」

這到底是企業慣用的模稜兩可說詞，或是正常的企業轉型過程？不論如何，2005年確實可說是樂高有史以來，挑戰最大的一年，公司面臨了各式各樣的壓力。其一是互動式電動遊戲的市場，已經超越傳統玩具。樂高必須發展更多樣的互動式產品，並持續不懈地，將樂高機器人從利基市場產品，拓展為全球市場產品。同時，樂高還得小心，因為過度發展副產品，會使機器人和電動遊戲的光芒，蓋過核心產品，也就是樂高積木。

另外一個挑戰是，樂高高居不下的製造費用。為了商譽，樂高不願意在品質上妥協，堅持使用不掉色、耐用的ABS塑膠原料。「有人會說，用這種等級的原料是殺雞用牛刀，但我覺得這是樂高可以稱霸市場多年的眾多原因之一。」樂高前員工皮訥嘉說：「15、20年前的組件，還可以和現在賣的組合相容，是非常厲害的事。而且舊的組件只要放進洗衣機裡洗一洗，就跟新的一樣！」

不過，當競爭對手不論是在品質標準或價格上，都要求比較低的時候，樂高要維持營收成長就很困難了。面對21世紀的挑戰，樂高集團提出一個7年的營收成長計畫。其中一項頗富爭議的改變，即是為了降低生產成本，將工廠移往東歐和墨西哥。過去，樂高工廠一直都設在丹麥，這可說是跨出一大步。2003～2004年間，有大約1000名員工因縮編而遭裁員，加重了樂高的困頓。

即便遭逢許多困難（也許正因如此），樂高還是持續實驗新創意，包括推出多人線上角色扮演遊戲：「樂高宇宙」（LEGO Universe），以及提供視覺化設計、零件訂製的線上系統：「樂高工廠」（LEGO Factory）。「樂高工廠」彌補了傳統通路的不足，其獨特的線上系統，讓玩家可以設計、鑄造自己的模型，而不用受限於包裝好的組合。一旦設計完成，玩家只要按個鍵，就能訂購該模型所需的零件，實際將想像化為成品。

另一方面，樂高對機器人所下的功夫，也更甚以往。【動腦】系列大受歡迎，衍生出的「弗斯特樂高盃」（FIRST LEGO League）機器人設計競賽，吸引了數百萬的青少年勇於挑戰。【動腦】的簡易版本：「動手做」（WeDo）教育系列，則讓電腦控制的機器人進入各地的小學中。

依此看來，改變至今依然存在於樂高集團的商業模式之中。

不過是另一塊積木？

Just Another Brick?

小小的樂高積木，已經成了讓想像具體化的完美工具。「小時候玩樂高，想做什麼就做什麼，讓我的想像力可以在遊戲時任意飛翔。今天，我想當個搖滾明星，就替自己組合一把吉他；哪天我想當個太空人，就自己造火箭。」專業樂高玩家納善·沙瓦亞 (Nathan Sawaya) 在一次訪談中說道。

樂高集團無論從哪方面來看，都勝於競爭對手一籌。它不僅歷史較久、核心產品多元，更堅守草創時的理想，並藉由創新讓產品現代化。沒錯，Erector Set (譯按：金屬製的組合玩具品牌) 和 K'NEX (譯按：益智組合玩具品牌) 是賣出價值幾千萬的玩具組合，但讓幾十個競爭者灰頭土臉的樂高，可是賣出了幾十億元的產品。它的成功，要歸功於高佛瑞在1963年訂定的十大樂高原則：

- 越多玩法越好
- 男孩女孩都可以玩
- 每個年紀都可以玩
- 每個季節都可以玩
- 玩得健康、安靜
- 可以玩很長的時間
- 具發展性、想像力、創意
- 買越多越值錢
- 買得到配件
- 連細節都完美

高佛瑞的想法，幾乎是每個家長的夢想：不論是男孩或女孩，都可以玩得聰明又安靜，而且買越多還越有價值。樂高集團數十年來遵循這些原則，可能只有一項例外：雖然樂高本質上並不是只給男生玩的，但出現在玩具店裡的組合，卻多半看起來像是如此。不信你在【生化戰士】系列中找找看，有沒有任何一樣，是會讓主流女性消費者青睞的？

一方面，樂高謹遵高佛瑞的原則，但另一方面，繼任的經營者也不吝於讓產品順應時勢。即使讓產品跳脫經典的螺柱狀接頭也在所不惜，儘管柱狀接頭可說是樂高最為人知的特徵，甚至每個接頭上都印有樂高字樣。從1977年的【創意大師】系列開始，樂高有越來

越多不仰賴柱狀接頭連結的產品。【創意大師】系列採用插銷和孔洞，在孩童容易使用或更堅固而具機動性上，捨前者而就後者。結果是，創造出一個新世代、可客製化的積木，讓進階的玩家可以用高佛瑞無法想像的方式，組合各種零件。

儘管有這麼多的創新和改革，但經典樂高積木還是不會被時間淘汰。「樂高可以一直重複玩，它可以讓人從無到有，創造出一個形體」。樂高迷布萊斯·麥格隆熱切地說。

皮訥嘉則用一句話說明了一切：「有了樂高，什麼都有可能。」

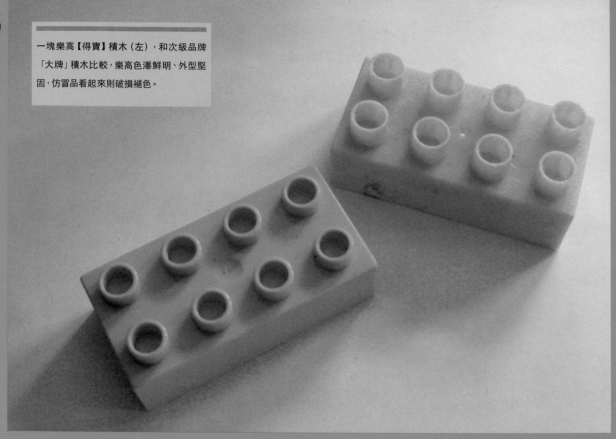

一塊樂高【得寶】積木（左），和次級品牌「大牌」積木比較，樂高色澤鮮明、外型堅固，仿冒品看起來則破損褪色。

仿樂高

Fake LEGO

在樂高集團面臨的許多問題當中，有一項越來越讓公司困擾，就是許多競爭對手生產劣質、但可以和樂高相容的仿樂高積木。令人訝異的是，樂高已經存在太久，因此連專利都過期了。雖然樂高集團主張他們的積木有版權保護，但法院仍認定這些過期的專利，不足以保護樂高的智慧財產權。

其中最超過的是一家加拿大公司「大牌」（MEGA Brands），他們專事生產仿樂高積木，同時強辯說，他們的產品是塑膠建築玩具，不過恰好可以和樂高相接罷了。事實上，「大牌」的積木不論是在顏色、設計及耐久性上，都遠遜於樂高。但它們也比較便宜：500片「大牌」積木組合，要價約美金20元，相同尺寸的樂高組合則要50元。然而對許多顧客來說，價格的考量更重於品質。

Building Again
2 重回樂高懷抱

重回樂高懷抱這個過程，幾乎每個成人樂高玩家都經歷過。最開始的時候，人們是在童年時首次接觸樂高，也許是聖誕節收到的禮物，或者是親戚拿來的一桶積木。但是，當他們漸漸長大，優先順序也改變了，他們開始渴望大人的玩意兒，像是衣著啦、約會啦、駕照等等。不幸的是，這些渴望中，鮮少包括塑膠小積木。

於是乎，黑暗期就這樣開始了。

黑暗期是指，當孩子開始覺得玩樂高不夠酷，而把樂高擺在一邊時。他們把樂高打入冷宮，任其在地下室裡蒙塵，或是在家中的車庫大拍賣時，以賤價售出。對許多人來說，告別樂高是長大成人理所當然的象徵。我們長大了，不玩玩具啦，不是嗎？

然而，有些成人（也許比你想像的還多）在黑暗期中，又重新找回他們對樂高的興趣。也許某個當爸的，一時興起拿起一組積木，幫兒子或女兒組合模型。又或者是某個大學生，在舊貨店裡偶然發現了一盒積木。一旦這些成人再度接觸到樂高，某種奇妙的事就發生了：他們又開始玩樂高，但這回，他們想要更多挑戰，例如建造等比例的模型，或者重建經典電影場景。他們砸下讓人目瞪口呆的預算在積木上，甚至讓銀行帳戶和婚姻耗竭。對這些重新找回樂高的人來說，黑暗期不過是在這項他們投注一生心力的嗜好上，一段不幸的缺口罷了。

每位經歷過黑暗期的成人樂高迷（AFOL，adult fan of LEGO，簡稱「阿福」），都可以說出一段他們如何找回真愛的故事。「我的黑暗期很長，從高一到大學畢業。」歐斯卡坦承道。他是一位電工，熱愛電子和建築物組件。有趣的是，一開始是因為專業需要，而讓他回到樂高圈子中。「起初我想要打造一些機組，這些機組看起來似乎可以用樂高搭建出來。」很快地他就發現，二手的樂高積木在拍賣網站上可以一桶桶地買，過沒多久，他就又像個孩子一樣玩起來了。

但是為什麼會這樣呢？從來沒有聽說過有職場女強人，因為買了芭比娃娃給自己的女兒玩，結果自己又開始玩起芭比來了。成人

（上）只有成人才想得出，用這種方式紀念惠特曼巧克力。（譯按：美國最具歷史的盒裝巧克力品牌）

（下）一座建在懸空岩石上的異國風情寺廟——這正是那種，會讓成人走出黑暗期的模型。

（對頁）樂高活動中的志工，正在組建尤達大師模型。

玩tiddlywinks（譯按：一種比賽將塑膠小圓片從遠處彈進杯子中的遊戲）也沒有變成全球風潮。差別在於，不同於其他的遊戲，樂高對成人來說，依然具有挑戰性。「樂高這種玩具，不只充滿童年回憶，對成人的層次來說，也是一種挑戰。成人不喜歡單純的玩耍，因此戰鬥英雄玩具會被拋棄，但樂高讓成人可以透過建造模型，釋放心中的童心。」樂高玩家布萊斯・麥格隆解釋道。

祕密就在於，這些看似簡單的積木，能讓玩家練到任何一個等級。有些玩家用掉上萬片積木，打造等比例模型，另一些人用【動腦】系列，打造厲害的機器人，又或者單單只用樂高積木，來重現畢卡索的知名畫作。更有一些人會建造迷你模型，讓整個街廓可以一手掌握。這些玩家對於建造模型的複雜度操控自如，相對於市售的模型組來說，是另一種模型玩法。

對某些成人來說，重回樂高懷抱的誘惑，來自於他們小時候想要卻得不到滿足的記憶。也許小時候他們曾嫉妒友伴有1000片樂高積木；現在他們買得起多達5200片、要價高達美金500元的【終極樂高玩家系列─千禧之鷹】。小時候這個項目只能被列入願望清單中，長大之後，如果願意的話，是可以買得起的。

阿福群像
AFOLs

這些成人樂高迷是誰？為了和其他的遊戲玩家社群區隔，他們自稱為「阿福」。樂高迷來自於各行各業：在家工作者、學生、電腦科學家、退休人員等等族繁不及備載。阿福多半是男性，但也有不少女性開始投入這項嗜好。就像任何社團一樣，一定會有些怪咖和社會邊緣人，但整體來說，這個社群就像是個社會縮影。

　　以下介紹一些，你在典型的樂高年會上可能會遇見的玩家們。

米克，34歲

職業：小學老師

現居地：田納西州，Knoxville

正在組建：想像中的地牢和洞穴，以及一些微型太空梭

最愛組合：最近喜歡編號7036的【矮人礦坑】，一直都喜歡編號6927的【全地形車】。（我到現在還留著！）

積木顏色：經典灰

喜愛的音樂：伊瑟・魯斯 (Elther Rush) 或六月之死 (Death in June，末日風民謠音樂)

史考特，35歲

職業：家庭主夫

現居地：華盛頓州，Kirkland

積木顏色：霧面金

偏好系列：【城市】系列

喜愛的音樂：蘭草音樂

（譯按：Bluegrass，美國民謠音樂的一種，靈感來自愛爾蘭及英國的新移民）

「謹記積木福音3章16節：你們當單單使用樂高，並將「大牌」積木丟入不見底的深淵中。」

納森，31歲

職業：作家／插畫家

現居地：猶他州，Provo

最愛組合：編號6951的【機器人指揮中心】。它是我的第一個大型組合，1985年聖誕節上市。裡面組件相當神奇，可以用來建任何東西。還附有黑色的太空人

積木顏色：我是個橘色狂

喜愛的音樂：不用音樂，我喜歡一邊組合一邊放電影。我組裝編號6196的【水象限海王星探索實驗室】組合時，一邊看宮崎駿的《魔女宅急便》，留下非常美好的回憶

布蘭登，25歲

現居地：加州，舊金山

最愛組合：編號6270的【禁忌島嶼】，我有生以來第一個大型組合。只要一想到它就湧起一股溫暖的懷舊之情

積木顏色：嗯，很難說，但我會選亮橘色。【冰凍星球】上市的時候我也喜歡它的顏色

最棒的積木時間：我喜歡中午剛過不久的自然光線，雖然同時要小心不要把我的白色積木，放在直射陽光下

頹廢吉歐，46歲

職業：退休物流經理

現居地：荷蘭，Breda

正在組建：大多時候我都在組建很大的東西

最愛組合：編號8880【超級車】一直是我的最愛，它什麼都有，而且只用了很少的創意大師組件

偏好系列：【創意大師】，【創意大師】和【創意大師】

喜愛的音樂：舞曲和重低音

酋斯，28歲

職業：資深資訊人員

現居地：澳洲，雪梨

正在組建：我正在建一座紀念性廟宇，用來當做我的「和平維護者」的會晤場所

最愛組合：編號10185的【環保商店】，價格便宜，充滿細節，高度可玩性設計，容易改裝

積木顏色：萊姆綠

偏好系列：我喜歡各式各樣的樂高人偶：【出力】系列 (EXO-FORCE)、【城堡】系列、【太空】系列、【小鎮】系列、【阿爾發】系列、【探員】系列、【海盜】系列。他們讓樂高模型和創作具有更多面向

喜愛的音樂：比利喬 (Billy Joel)，Me First and The Gimme Gimmes,閃耀大師 (Grandmaster Flash)，Run-DMC, The Flood，威瑟樂團 (Weezer)，立體音響樂團 (Stereophonics)，清水合唱團 (Creedence Clearwater Revival)

李諾，36歲

職業：我在寇爾尼旭藝術學院擔任財務補助顧問，直到不久之前。近來我得到越來越多的藝術委員會支持，所以我開始全職從事藝術家商業贊助的工作，到目前為止還不錯。

現居地：西雅圖，華盛頓州

最愛組合：大概是瑞德男爵 (old Red Baron) 的傳奇戰機組合，或是任何一種我認為有很多我稱之為「改裝」組件的組合

積木顏色：看起來像生鏽的那種顏色。正確名稱是什麼？我不知道。問另一個樂高迷狂吧

喜愛的音樂：大部分聽湯姆懷茲 (Tom Waits)

愛瑞卡，25歲

職業：資訊設計師

現居地：俄亥俄州，Cincinnati

正在組建：我正在用我手上的各種身體部位零件，組合成一個新的角色。

積木顏色：黑色

偏好系列：【城市】系列

喜愛的音樂：事實上，我兄弟和我一邊組模型一邊放看過超多次的電影（《超高頻》、《空中監獄》），讓電影變成背景音樂。

史班塞，19歲

職業：電腦工程師

現居地：加州，San Luis Obispo

正在組建：我個人的樂高大殿，靈感來自於電影《貝武夫》中的Heorot大廳。

最愛組合：編號7672的【浪人暗影】（Rogue Shadow）

積木顏色：深灰色

喜愛的音樂：我喜歡聽各式各樣的電音，主要以硬式 (hard-style) 電音為主軸。

擁有多少樂高積木？大約30加崙，不清楚具體數量有多少。

伊恩，23歲

職業：學生／服務生

現居地：華盛頓

正在組建：一個青蛙科學家的實驗室、一台飲水機、一對機器人伴侶，以及一架星際戰鬥機。

最愛組合：編號1382、8560和6437。這只是其中一部分。

積木顏色：深橘色和一般橘色在許多方面讓我興奮不已。隨你怎麼想。我還喜歡

黑色，還有從前的深灰。我討厭新的灰色。

喜愛的音樂：我喜歡在安靜中組模型。但有時我會播放《鋼鐵人》或《變形金剛》的原聲帶，如果和我正在組合的模型剛好合適的話。

J.W，25歲

現居地：猶他州，Kearns

最愛組合：編號6563的【鱷魚塘】，因為它裡面什麼都有：動物、植物、一台車、一艘船、一架飛機、一座小型建築物、三個獨特的人物，還有給這些東西的一些小配件。有次度假因為沒有太多的行李空間，我就帶著它，既可以打發時間，又具有多樣性。

積木顏色：我喜歡標準綠色，之前困擾了我好多年，因為過去樂高沒有生產這種顏色的一般積木。

歐可·傑立，「41快14」歲

職業：軟體工程師

現居地：華盛頓州，Seattle

積木顏色：紫紅色。（不過很難說是9種中的哪一種）

喜愛的音樂：從網路上不斷流洩的隨機器樂。

最棒的積木時間：當我的小孩也在玩積木的時候。再也沒有什麼，能比把所有的樂高庫存一股腦兒全倒在地板上，然後花一整個週末的時間組起來更開心的事了。一起玩樂高的家人分不開！但記得在丟掉空披薩盒裡之前，先檢查有沒有樂高積木在裡面。

納森，32歲

職業：全職家庭主夫，兼職教會管理人

現居地：加拿大卑詩省，Abbotsford

正在組建：最近我組了很多車子，但我每種都涉獵一點，從宇宙到城堡，火車和城鎮，雕塑和馬賽克都有。

最愛組合：【50周年紀念小鎮】組合

最棒的積木時間：一邊照顧幼兒，一邊找時間玩積木是一大挑戰。最後變成這邊組一點、那頭組一點，沒有完整的積木時間。

女性玩家
Women Builders

看到阿福群像，你可能會以為女性並非玩家社群中的主要角色。實際上女性玩家在數量上雖少，在創意上可不少。成年女性也玩樂高嗎？信不信由你。

從一開始，樂高就希望他們的積木可以讓男孩女孩都喜歡。這也許是生意考量——可以讓市場變成兩倍大——也有可能是出自北歐一貫的平等主義。即便如此，恐怕連創辦人家族，都難以完全猜透樂高對成年女性的吸引力。

可以確定的是，女性在成年玩家中佔少數，至少從那些熱衷到會參加年會，或上網路加入論壇的人之中看來如此。例如架起樂高集團和玩家中間橋樑的「動腦社群」（〔MCP〕group，MINDSTORMS Community Partners）中，有29名男性，只有1名女性。

其中一個最難以理解的差別是，男性和女性玩家玩積木的動機，各自不同。從外顯表象看來，很容易將這些表象用刻板印象解釋：男人致力於建造更大的模型，用來互相吹牛，女性玩家所組合

（上）布蘭·史列吉特製的生化戰士系列，有別於一般的標準製品，讓人讚嘆不已。

（對頁上）珍妮佛·克拉克組建的挖土機，包含變速箱作用、重心以及尺寸等細節，均以擬真為原則。

（對頁下四張）還有什麼比娃娃屋更女孩子氣？以芳·道爾組建的醫院，將樂高出品的「美麗小鎮」——樂高版的娃娃屋——變成徹底女性化、精緻的作品。

的、沒那麼大的模型，則被忽略。然而，實情是遠比此複雜、有趣多了。

　　珍妮佛·克拉克 (Jennifer Clark) 剛開始接觸樂高，是為了技術上的需要。「有段時間我的工作和機器人有關，【動腦】系列的積木引起我和同事的注意，我們想也許可以用它來建立一些簡單機制的原型，所以我就開始研究這個可能性。研究時發現了編號8448的【超級車】(Supercar)，想說正好可以拿來當做耶誕禮物；也正是它重新點燃了我對樂高的興趣。」

　　克拉克展現了一種特殊才華，她組建了一系列充滿細節、擬真的大型建築機具。她的裝載機、起重機、挖掘機，在年會的展覽場上，受到許多注目。克拉克擁有電腦科學學位，讓她得以利用所學的機械和電子基本原則，打造更真實的模型。「模型應該『表現』得像真的東西一樣，即使模型的機械作用並不一樣。」她續道：「我喜歡我的模型在視覺上，能讓人一眼就看出這是哪家公司生產的、哪個型號機具。」

　　雖說擬真是一大目標，但克拉克並不以此為滿足。「我的興趣是組建可以用的、可以作某些事的東西；【創意大師】(TECHNIC) 系列就可以辦到。」

　　即使有些女性會避開樂高的女性化商品，但有些女性則視之為一項挑戰。以芳·道爾 (Yuonne Doyle) 就用【美麗小鎮】(Belville) 組合中的積木和人物，組建了一座精細的醫院模型。她將模型飾以粉彩，並以一種低調的優雅貫串其間。她創造出的精巧、女性化的風格，似乎正是樂高集團難以企及的。若有人還認為模型的世界，是以男性的渴望為中心，追求「更大、更強、更複雜」；那麼這個模型正是有力的反證。

樂高玩家
費・羅德斯
訪談錄

LEGO Builder Interview:
Fay Rhodes

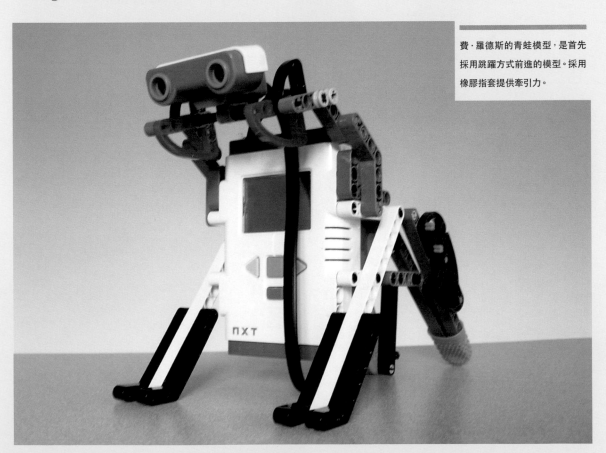

費・羅德斯的青蛙模型，是首先採用跳躍方式前進的模型。採用橡膠指套提供牽引力。

許多樂高迷將在模型中使用非樂高組件，視為禁忌；羅德斯用了條華麗的臭鼬尾巴，打破這項規矩。

每個樂高迷喜好各自不同。關於樂高,身兼作家及教育家的費·羅德斯,有兩大熱情:組建動物模型,以及教小朋友做機器人。她同時也是動腦社群中唯一的女性,扮演樂高機器人玩家和樂高集團間,唯一的女性橋樑。

相對於男性玩家來說,你認為女性觀點是否影響了你建構樂高的方式?

一般來說,我很希望能用樂高機器人NXT組件,引起小朋友——尤其是女生——對工程學的興趣。我組建動物模型的原因是,大多數的女生都不會對推土機、或是競賽感興趣。動物就不一樣了,一般來說,動物不論對男孩或女孩來說,都是有趣的,就連小男生也會喜歡組合一隻恐龍,或是任何一種可以走動的動物機器人。但我得說,沒有比看見學童的父親在聯絡簿上說,他的女兒自從看到我的模型之後,突然愛上了機器人,更讓我開心的事了。

　　我也比較會從藝術的角度,提出對機器人組件的看法。每當樂高為了各種原因將新貨送到「動腦社群」,當其他人都興奮地想著,可以用它來做什麼新玩意,我卻會看著盒子說:「新顏色耶!酷!」

你是否曾經因為身為女性玩家,而遭到男性玩家的偏見或先入為主的眼光?

我從來不曾因為身為女性而覺得不被尊重。但我發現,身邊確實有很多自我抬舉和吹噓。有時候,有些人會因為我缺少科學背景而貶損我,若我不是這麼有自信的話,也許會對我造成困擾,但我一點兒也不怕。

有其他的女性玩家影響你嗎?

信不信由你,我不認識任何其他女性玩家。這也許也是我急於讓小女孩認識機器人的原因之一,在她們因為社會成見而放棄對科學的興趣之前,可以投身其中。

你認為樂高產品的目標族群,較多是針對男孩而非女孩?機器人組件呢?

你有看過樂高郵購型錄嗎?整整52頁都是很「men」的東西。我想這就反映了他們認為的顧客是誰。

那對女人來說呢?

男人和女人接觸機器人組件的動機,好像不太一樣。要不是機器人組件是很好的教具,我想我也不會對它有興趣。男人似乎比較喜歡機器人,而女人則躲在幕後,鼓勵她們的孩子(或學生)參與更多,並從中學習更多數學和科學。

　　現在想想,我從沒聽過有任何女人著迷於機器人組件,另一方面則有很多男人難以自拔。有很多女性擔任「弗斯特樂高盃」(FLL,First LEGO League。譯按:由F.I.R.S.T.組織及樂高集團共同成立的樂高競賽)領隊以及指導老師,這肯定是種平衡。

買給自己美金250元的玩具不是小事,你如何說服自己說這是個好主意?

早在機器人組件還沒上市之前,我丈夫愛上就愛上它了(為了和兒子一起玩),還被邀請加入樂高網站中的機器人模型部落格(NXT STEP)。後來部落格的人決定要打造出一個特別為了一本機器人組件的書而設計的模

型，這時瑞克就想到我了。因為他不是專精機械方面，也沒有做過程式編碼。

在家裡，我都是那個修東西的人。我喜歡解決問題——是真正的問題，不是腦筋急轉彎那種。我天生就對許多東西是怎麼做的，感到好奇。結果我就建立了非營利的網站和電子報。我想你可以說我「多能鄙事」。

換個話題。為什麼玩家要組建知名電影中的場景模型？或是用積木組成蒙娜麗莎的微笑？你有做過類似的事嗎？

對一個藝術家來說，樂高積木不過是另一種媒材。我在組建動物機器人方面小有盛名，而我把作品當成是藝術品的成份居多。主要是我也喜歡過程中的創意性。我喜歡組建機器人、替他們編寫程式，但我幾乎沒有組建過別人設計的東西。別人的設計可以用來欣賞，或從中學習。

機器人組件讓老師（還有學校）可以將藝術和科學、數學結合。當今在「讓每個孩子跟上」的口號下，藝術經常就被犧牲掉了。要我會說，請發揮點創意把兩者結合吧。

你的正職是什麼？

6年前，我嫁了個長老教會牧師。當時我在一所文科學院，負責多種工作。10年多前，我就被診斷出罹患帕金森氏症，因此當我們要搬家到瑞克的教會附近時，我們決議我應該要發展一些可以在家工作的技能（包括網站設計、寫作，出版小量出版品），並且用這些技能協助非營利組織。自從二月搬家到奧克拉荷馬後，我的興趣變成讓機器人課程進入在地小學，因為當地很多郊區小學缺乏或沒有科學的課程，至少在這個區域如此。

機器人組件教孩子學會什麼技能，是他們往後人生可以用得上的？

曾有個父親寫信給我，告訴我他的兒子有多喜歡組合我的模型。信裡他說，他兒子學到「將問題和挫折，視為挑戰而非失敗」。據我觀察，有太多的人沒有準備好面對失敗，無法將一時的挫敗當成需要創意和堅持來解決的東西。

下一步是什麼？隨著技術的精進，你想要組建什麼東西？

我的下一步是想出一些教材，讓老師可以用來教NXT-G（譯按：樂高機器人組件的附屬編碼程式）的編碼，還有一些在機器人動物園裡，可以進行練習的活動。

羅德斯是《樂高動腦系列——機器人動物園！》（The LEOG MINDSTORMS NXT Zool）一書的作者。（2008年由No Starch Press出版）

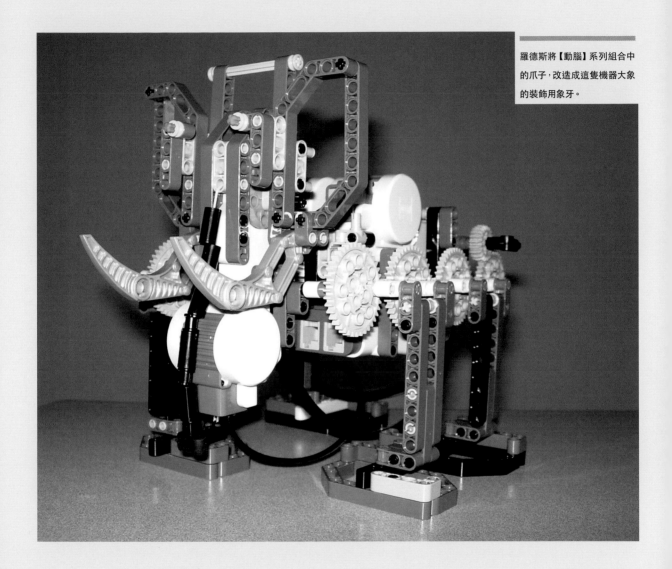

羅德斯將【動腦】系列組合中的爪子，改造成這隻機器大象的裝飾用象牙。

寶藏妥收藏
Organizing the Trove

如果你有一大堆的積木（有時一點都不誇張），你就需要好好收納它們。有些人揮霍美金2000元買台電視，但一台2000美金的液晶螢幕，可比價值2000美金的樂高積木容易收拾多了。熱切的「樂高狂」累積樂高積木的速度驚人，如何收納就成了一大挑戰。大多數的小朋友可以把積木收進一、兩個大塑膠整理箱，或桶子裡，但成人的購買力可就遠不止於此。在一個箱子裡翻找一個卡其色的2×2的積木，可能還不難，但想想，如果要在10個箱子裡找呢？或遲或早，狂熱的樂高玩家就會另尋方法收納。

要是有間「樂高房」呢？這個想法就表面來說，並不太過分。就像那些小孩已經離家的父母，家裡有多餘的房間，可以改造成客房、個人工作室或是收藏間；那為什麼不拿來放樂高呢？麥特·阿姆斯壯（Matt Armstrong）玩積木已經超過20年了，家裡就有個房間，專門用來放各式各樣、繽紛狂野的樂高積木。這些積木放在各種容器中：從32加崙容量的垃圾桶、塑膠箱、層架、到小朋友的充氣泳池都有。「我不是住在父母家噢！」他在自己的Fliker網頁上，語帶威脅地表示。

有些專業級的樂高玩家，則將「樂高房」的概念更推進一步，變成專業的樂高工坊。樂高積木專業大師納善·沙瓦亞，說明他自己的收納風格：「所有的積木都按照形狀及顏色，分開擺放在透明的箱子中，排列在工作室的架上。走進我的工作室，一排排不同的顏色，就好像走進彩虹中一樣。」

每個玩家，都有自己分類樂高積木的方法。張納南（音譯Nannan Zhang）和我們分享他的原則：「我用透明、寬淺的抽屜，將組件先依照顏色，其次是形狀分門別類。在組模型的時候，我先找顏色適合的抽屜，再找形狀最接近我要的組件，看哪個最合用。」

溫戴爾·歐斯（Windell Oskay）卡則採用不一樣的方式。他利用樂高的凹凸卡榫，將相似的樂高積木連結在一起，以便尋找。「我所有的2X3積木，全都組在一個結構中，這個結構設計成需要的時候可以很容易就分開。如果我要找到某個顏色的零件，或估計它們的數量，只要瞄一眼就行了。」

（上左）一開始，你可能會將所有的樂高收進一個箱子裡，接下來，變成很多個箱子。以大衛·麥尼利為例，他以顏色做分類……大致上啦。

（下）積木可以互相疊合，所以就把它們疊起來吧！

（上右）傳統的收納法：使用有分隔的整理箱。但這真的是最好的方法嗎？

（右）當其他收納方式都不管用，就專門給積木一個房間吧。麥特·阿姆斯壯的樂高房裡，甚至有個裝滿積木的充氣泳池。

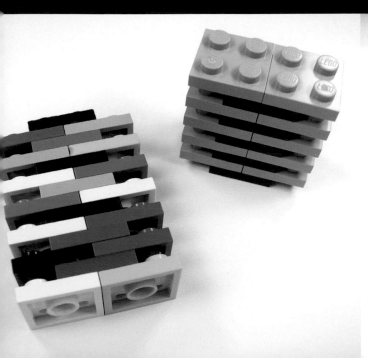

樂高生活妙點子
Ingenious LEGO

手邊有很多樂高積木，有時是會造成一些不便，但也有個特別的好處：隨時可以準備好挑戰下一個模型，有時這個挑戰還不僅僅是為了好玩而已。

你是否曾經抱怨過你的iPod充電座或是電腦主機殼，沒有你想要的功能？大多數的人只能聳聳肩，接受自己對生活中的消費產品少有控制權的事實。但很多樂高迷發現自已擁有足夠的資源，可以用手邊現成的材料（當然是樂高囉），為自己打造專屬的產品。

以下的案例顯示：使用者需要和樂高乃發明之母。

硬碟機殼

創作者：瑟吉·布林和賴瑞·佩吉
Sergei Brin and Larry Page

這則傳奇要回溯到1996年，當時Google的兩位創辦人，還只是身無分文的史丹佛大學畢業生。因為需要一個東西放他們第一台主機的硬碟，於是把樂高積木當做材料。諷刺的是，眼尖的人可以發現，他們用的其實是「大牌」的積木，也就是冒牌的樂高。據說，這對新科富翁當時實在太窮了，買不起樂高，只好買一桶「大牌」的積木。（原件展示於史丹佛大學博物館）

「吉他英雄」操縱器

創作者：大衛·麥尼利
David Mcneely

網頁：http://www.mocpages.com/home.php/5230/ （譯按：『吉他英雄』為一經典音樂電玩）

大衛·麥尼利應用原本的吉他英雄操控器電路，按照自己想要的風格，為自己打造了一把利器。他在自己的Fliker網頁上寫道：「我把原本的操控器肢解，把電路板和特殊的零件拿出來，放進我自己設計、用樂高做的外殼裡。」作品的靈感來自於B. C. Rich Warlock款式的吉他（是他個人僅次於Explore款的最愛。）這把樂高吉他操控器，和原版的一樣好用，包括彈奏桿和吉他按鈕，所有的元件都正確運作（除了重擊桿之外，因線路需要重新焊接）。

(下) 硬碟機殼

(右)「吉他英雄」操縱器

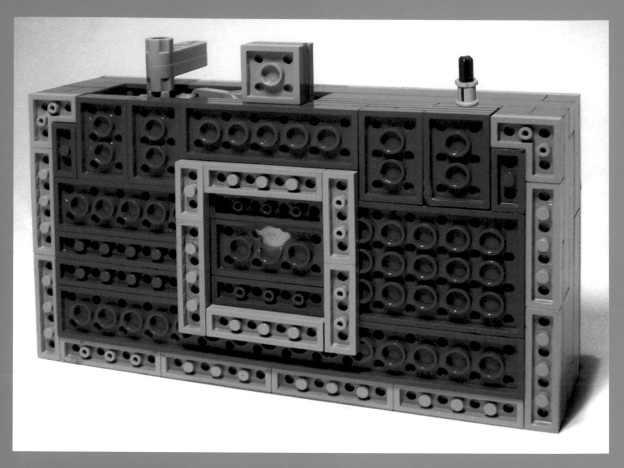

針孔照相機

創作者：亞卓安·漢弗特
Adrian Hanft

網頁：http://www.foundphotography.com/

亞卓安·漢弗特的樂高針孔攝影機的誕生，源自於對挑戰的熱愛。原始的針孔攝影機，例如用硬紙板箱或是麥片罐做的，缺乏現代相機的機械功能。利用【創意大師】系列元組件，使漢弗特得以加上這些功能。「我製作的樂高相機有幾個目標：第一，底片捲軸只有一個方向；第二，我想要在紅窗（譯按：作為底片計數之用）之外，多一個底片計數器。」

主機殼

創作者：溫斯頓·邱
Winston Chow

溫斯頓·邱想要替自己組裝的家用電腦，找一個獨特的主機殼。他利用樂高積木中的特殊零件，例如鉸鍊、梯子等，彌補標準積木的不足。最後成了一台功能齊全的電腦，有933MHZ處理器，視訊埠、8xDVD光碟機、記憶體插槽，以及冷卻扇。他在部落格中說道：「這個組合花了比我想得更久的時間，電腦也比我預期的重。但我希望這個案例能啟發其他的玩家，創建更好的樂高PC或Mac。如果可能的話，我不會介意把主機板從第一代蘋果電腦中拿出來，再配上樂高外殼和液晶螢幕。但，誰有這種財力啊？」要說他還覺得哪裡不滿足呢？就是沒有足夠的黑色積木，讓他把整台電腦都做成黑色。

書擋

創作者：馬可·帕莫爾
Mark Palmer

有用的創作不一定要很複雜，有時只要滿足一種功能即可。帕莫爾表示：「我需要一個書擋，這只是一個概念化為實際的簡單成品，想必還有比這更好的花樣設計。而且還需要加個止滑的東西在底下。」

電路板隔間

創作者：溫戴爾·奧斯克
Windell H. Oskay

網頁：http://www.evilmadscientist.com/

有時樂高的用處是偶然被發現的。焊接工奧斯克需要一個墊底的東西，放在一組電路下。樂高用來順手、不突兀，又不導電，簡直完美！

（左頁上）針孔照相機。

（左頁下左）主機殼。

（左頁下中）書擋。

（左頁下右）電路板隔間。

氣蕨栽植盆

創作者：鮑伯·丘柏斯
Bob Kueppers

網頁：http://www.thebobblog.com/

今天我在逛Smith & Hawken (譯按：美國連鎖園藝專門賣場品牌) 的時候，發現一個氣蕨盆栽要搶你美金150元，但氣蕨其實只要5元，所以我就決定自己做一個栽植盆，用史上最佳的材料——樂高。

iPod座

創作者：莎曼紗
Samantha

網頁：http://www.flickr.com/photos/xlacrymosax/

莎曼紗已經有一個iPod座了，但她還想要一個更漂亮的。「其實我只是無聊，剛好手邊又有樂高。」她老實承認道。這個機座還可以容納她的Apple及Nikon D40相機遙控器。

平板電腦觀景窗

創作者：麥克·李
Mike Lee

網頁：http://curiouslee.typepad.com/weblog/

業餘攝影師麥克·李當時正在把玩「一學童，一電腦」計畫 (OLPC, One Laptop Per Child) 提供的一台平板電腦，試著把它當作一台相機來用。「這台電腦的相機鏡頭和螢幕同一邊，當你用鏡頭對準拍攝物體、按下『○』遊戲鍵，就可以拍照。但是這樣很難取景，所以我用了7個樂高標準積木製作一個取景窗，插進電腦的USB插槽中。」(OLPC組織致力於為全球貧窮學童創造教育機會，透過提供筆記型電腦及軟體，鼓勵並增進孩童學習。)

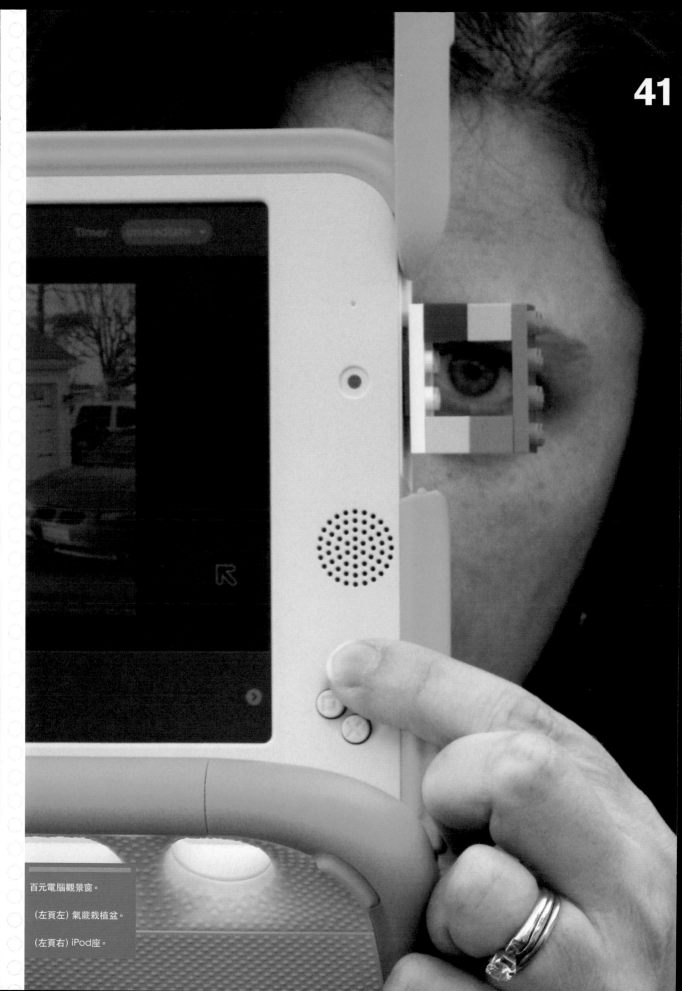

百元電腦觀景窗。

(左頁左) 氣蕨栽植盆。

(左頁右) iPod座。

混血樂高
Remixed Bricks

成人玩樂高還有另一個面向，就是無論買了再多的積木，最終還是必須接受一個事實：那就是樂高公司不能、也不會推出所有你想要的產品。在商言商，樂高集團不可能滿足每個樂高迷，這時就有賴第三者來填補落差。

其中一個玩家是傑夫·柏德（Jeff Byrd），他有次買了一組星際大戰TIE戰機模型組合，卻發現裡面的人偶拿的是看起來相當不真實的槍。「有一天，我正拿著一些塑膠零件，拼拼湊湊一個完全不同的東西，這把傘兵用槍的設計原型就突然出現了。」他在《積木天地》雜誌的訪問中說道：「於是我開始從無到有，做一些爆裂武器，讓傘兵人偶配帶。」幾年內，他的公司「小小軍械庫玩具」(http://www.mini-figcustomizationnetwork.com/manufacturer/little_armory/)就組合了各式各樣的軍火，並接受來自世界各地的訂單。

還有些公司略過這些塑膠零件，致力於創造貼紙，讓玩家可以客製化他們的積木和人偶。在他們的基本信條中，人偶要是沒有臉部和服飾細節，可說是沒有個性到了極點。因為樂高集團提供的官方設計實在太有限，有些玩家就想出自己設計貼圖和印花的方法。一般來說，這些花樣是用雷射印在透明貼紙上。

儘管大部分的公司把焦點放在樂高的人物組件，也就是人偶上；但還有些公司把焦點鎖定在積木本身，製作官方版組合中沒有的組件。其中之一是LifeLites (http://www.lifelites.com/)，該公司專門製作燈光組件，以及使用9伏特電池提供照明電力的組合。這家公司有兩位創辦人：羅勃·韓卓克斯（Rob Hendrix），他擅長將LED燈裝進樂高模型中；他的夥伴史都華·瓜尼爾（Stuart Guarnieri）則是個晶片控制程式專家。他們製造的「eLite進化版」，提供預先設計好控制程式的模型街燈、鐵路照明、車輛燈光等系列產品。這些產品含有8條LED電線，還有2個開關，並和樂高標準電池組合相容，也可以選擇使用LifeLites的附加電源。

還有一些公司則是大桶買進樂高積木、自行設計組合，再附上詳細的步驟教學，包裝出售。例如2003年創立的ME Models (http://www.me-models.com/)，他們的宗旨是：「為你的興趣增加一點真實感，提供宛如回到八○年代的高品質樂高模型。」這家公司的模型以一貫地懷舊氣氛，重建福斯廂型車、鄉村飲食店，及老式的加油站的模型。

由此看來，雖然樂高集團無法滿足每種需要，但他們也很樂意放手讓其他小公司去做。

無法在官方產品中得到滿足的樂高迷，轉而向第三方求助。LifeLites (左下) 販售樂高燈光組件，BrickArms(上)專精現代武器模型，這是樂高集團刻意忽略的範疇。Big Ben Bricks (下) 則讓樂高鐵道迷為他們的模型增加配件。

樂高出版品
LEGO in Print

成人樂高迷已經從一群無組織的同好會,演變成完全成熟的次文化,這點我們從他們開始發展出自己的文學,就可以看得出來。如同其他的同好會,樂高玩家之間,也有些特別的笑點、爭論,是旁人難以理解,也不覺得有趣的。例如,以漫畫的方式,取笑樂高集團似乎令人難以理解的積木顏色變化。還有些雜誌會採訪值得注意的玩家,並分享組建技術。下面是一些實例。

《積木天地》(BrickJournal)

2005年,《積木天地》的誕生,讓出版樂高社群相關讀物的想法得以落實。《積木天地》原本計畫以報紙的方式出刊,但很快就改採雜誌的形式,因為投稿的文章遠比預期的來得全球化。《積木天地》以線上雜誌的形式,在2005年夏天創刊,內容共有64頁,包含活動、模型,當然還有社群中的人物。

從第一期開始,《積木天地》的讀者群,就包含了玩家和一般大眾。儘管這份雜誌初始是以免費下載的線上形式出版,每期還是有數千份的下載量,同時也引起兩個網站:Slashdot和Boing Boing的注意,也因此讓《積木天地》的傳播更加廣泛。文章內容也開始拓展,報導全球的樂高活動及模型。同時,《積木天地》也和樂高集團搭上了線,採訪員工及模型組合設計師,同時每年固定採訪一次樂高集團執行長。如今,《積木天地》已經有樂高集團內部的讀者,也固定提供刊物給樂高點子房 (LEGO Idea House,樂高內部的檔案室及博物館)。

2007年,《積木天地》開始發行紙本雜誌,並在書報攤、樂高玩具店和「樂高世界」主題樂園裡販售。《積木天地》也將焦點放大至全球以樂高為基礎的活動,例如:樂高玩出好生意 (LEGO Play for Business)、弗斯特樂高盃等。在逐漸壯大的過程中,《積木天地》從未忘記它的初衷:展現樂高成人社群最棒的一面、激勵更多人組建模型,並邀請所有人成為這個社群的一員。

The Magazine for LEGO® Enthusiasts!

TWOMORROWS

$8.95
in the US

Issue 2, Volume 2 • Summer 2

Brick Journal 45

people • building • community

INDIANA JONES®!

LEGO Sets and Other Models!

Building a LEGO Indy Statue

LEGO Factory Goes to Space

Events:
Frechen
FIRST LEGO League, Hawaii

Instructions AND MORE!

《阿福們》(AFOLs)

該如何述說樂高迷獨特的故事？加拿大漫畫家格雷格‧海蘭德以漫畫《阿福們》接下這項挑戰。這系列漫畫很貼切地以樂高人偶造型，畫出一群玩家，以及圍繞著這些玩家的圈內人話題，例如快速模型大賽、和樂高集團創辦人：可秋‧科克‧克里斯欽森面對面等等，並且對外行人的冒犯大驚小怪，好比說用樂高們 (LEGOs) 指稱樂高各式各樣的組件。

海蘭德的作品從《積木天地》的創刊號就開始刊登，漫畫中描繪的人性化樂高人偶，甚至引起了樂高集團的注意。在2004年的樂高同樂會中，樂高發給每個參加者一本厚17頁，由海蘭德創作的漫畫：《阿福們》。這本漫畫延續分格漫畫的題材，描述成人樂高玩家以及他們的怪癖；包括他們因為玩玩具的嗜好而覺得尷尬、樂高玩家團體 (LUGs, LEGO Users Groups)、樂高年會、仿樂高的次級品等等。海蘭德的畫作也出現在許多樂高包裝上，包括海綿寶寶組合和部分的蝙蝠俠組合。

玩家們取得資訊和內行人笑話的來源，當然不只《積木天地》和《阿福們》。另外包括《鐵道積木》（RailBricks）、《西裔玩家》（HISPABRICK，針對西班牙裔美國人玩家）等，都讓樂高社群的面向更多元。顯然，樂高文化內涵之深廣，遠非單一本期刊所能涵蓋。

47

樂高網絡
LEGO on the Web

這年頭，網路似乎在某種程度上影響了每個人的生活。尤其對樂高玩家來說，網路更是聯繫散佈各地的玩家的生命線。在生活中，你也許不認識任何一個成人玩家，但在網路上就很容易找到他們。

其中一個最受歡迎的樂高同好網站就是「積木櫃」(Brickshelf)，它是個圖像代管網站，讓玩家可以互相分享他們的模型照片，激發業餘玩家創作更具挑戰性的模型。儘管這個網站上有將近3000000張照片，但因為缺乏可以分享文字的機制，因此這些圖片都沒有附帶標題或意見。弔詭的是，這點看似侷限，卻是造就「積木櫃」成為國際玩家天地的基石，因為美麗模型的圖片，是不需要翻譯的。

但除了成功的「積木櫃」之外，玩家顯然還需要一些以文字為基礎的討論區，及線上論壇。Lugnet.com以文字居多，讓玩家之間有更多互動，網站的目標是成為所有樂高玩家團體 (LUGs) 間的連結。類似的網站還有MOCpage.com，它結合了「積木櫃」的圖片代管服務，同時讓訪客可以留言討論模型。

還有其他許多數不盡、各自針對不同喜好主題的樂高相關網站。無論是用樂高組成的場景和人物拍攝定格影片的積木影片迷、製作迷你模型的微型模型愛好者，或是樂高鐵道迷，都有自己專屬的線上天地。

樂高字彙表

大多數的次文化，都會發展出自己的縮寫和俚語，用來描述重要的事項及其成員。樂高迷也不例外。在撰寫本書時，我們刻意避免使用太多的行話，但有些重度樂高迷可就不會這麼好講話了。以下是一些你可能會遇上的詞彙：

ABS（Acrylonitrile butadiene styrene）：樂高組件使用的高品質塑膠。

AFFOL（Adult female fan of LEGO）：女性樂高玩家，也是《積木天地》中的固定單元，用意是引起更多人注意這個備受忽略的族群。

AFOL（Adult fan of LEGO）：阿福，成人樂高玩家。

Beams：創意大師系列中的樑。

Bley：用來形容樂高新近出品，略帶藍的灰色積木，語帶貶意。

Brick：積木、樂高組件。

BURP（Big ugly rock piece）：已預先成形的大型樂高組件。

CC（Classic Castle）：經典樂高城堡。

CRAPP（Crummy ramp and pit plate）：破坑爛板，少有人喜歡的組件。

CS（Classic Space）：樂高集團出品，以太空為主題的組合。

Dark Age：黑暗期。樂高迷一生中停止（唉……）玩樂高的時期。

Diorama：大型擬真場景模型。通常為樂高人偶的比例尺寸，包含建築物、車輛及人物的場景模型。

DUPLO brick：【得寶】系列。以學前幼童為主要市場的產品線，為標準積木的兩倍大，材質、顏色均和標準積木相同，並可和標準積木連結。

Element：組件。可以指任何一種樂高，包括積木和其他各種形狀。

GKC（Godtfred Kirk Christiansen）：高弗瑞·科克·克里斯欽森。樂高集團第二任執行長，帶領樂高成為國際知名品牌。

Greebles：顆粒寶。為裝飾性的【創意大師】系列組件，用來增加科幻系列模型外觀的真實感。

KKK：可秋·科克·克里斯欽森。樂高集團所有人、兼前任執行長。

LIC：樂高想像力中心。為由樂高認證經銷商經營、獨棟的樂高專賣店，目前設立於佛州奧蘭多、加州阿納海姆及美國商城（美國最大的購物中心）。

LUG（LEGO Users Group）：樂高玩家團體。

MF：有兩種含意：一、樂高人偶。在樂高模型中代表人類的可愛人形。二、千禧之鷹，2007年出品的星戰主題組合，屬於終極玩家系列。

Microscale：微型，比樂高人偶的尺寸比例更小，通常人物的尺寸為1×1積木大小，或是一個1×1積木上加一個1×1圓板。

Minifig scale：人偶比例尺寸。此種模型尺寸以樂高人偶的尺寸為基準，通常是一比三十的比例。當組建大型物體，例如摩天大樓的時候，人偶尺寸模型常會傾向於太過巨大、不易處理。

MOC：我的獨創模型。玩家獨創、有別於店裡買的現成組合模型。

Mosaic：馬賽克。是由樂高組成的平面「畫作」，樂高用法類似電腦藝術中的相素。

Nanoscale：最小的模型比例。此比例中建築物的一層樓為一片板的高度，人物則是1X1的圓板。

NLF（Non-LEGO friend）：不樂高友人。

NLS（Non-LEGO spouse）：不樂高配偶。

NLSO（Non-LEGO significant other）：不樂高男／女友。

OKC（Ole Kirk Christiansen）：歐爾·科克·克里斯欽森，樂高集團創辦人。

PaB（Pick-a-Brick）：樂高零售店的一區，玩家可以在這裡買單獨的組件。

PCS（Pre-Classic Space）：由玩家克里斯·吉登 (Chris Giddens) 和馬克·桑德霖 (Mark Sandlin) 創作的太空主題模型，是樂高太空主題系列的前身。

Pins：各種尺寸的小螺拴，用來接合【創意大師】的各個組件。

Plates：連接板。樂高組件中，用來連結積木的較小組件，3片板為1個積木的高度。

S@H（Shop at Home）：樂高集團的線上商店。

SHIP（Seriously huge investment of parts）：耗資組合。通常是巨型模型，這個字彙來自於組合此類模型需要購買的組件數量。

Sig-fig：玩家以樂高人偶表現的線上分身。通常是大頭像。

SNOT（Studs not on top）：隱藏接頭。一種模型組建技巧，顛覆露出螺柱接頭的傳統模型建構方式。

Studs：螺柱，積木和連接板上的小凸起。

System：標準積木。用來形容經典樂高組件，包括積木、連接板及相關的組件，相對於【生化戰士】系列、【創意大師】系列，以及【得寶】系列等創新系列組件。

TFOL（Teen fan of LEGO）：青少年樂高玩家。

TLG（The LEGO Group）：樂高集團，前身為樂高公司 (TLC, The LEGO Company)。

UCS：終極玩家系列。以成人藏家市場為主的組合，組件多且結構複雜。

Vig, vignette：迷你的擬真場景。尺寸約為6×6或8×8個連接板大小。

Minifig Mania

3 樂高人偶熱

52

樂高人偶是個很妙的東西。乍看之下，它只是個簡單、常識化的解決方案，為的是在基本上比較工業化、非生物性的玩具中，加上一個人物的元素。

根據傳說，有個樂高的大師級玩家，對他的模型感到不滿意，他覺得這些模型很美，但缺少了關鍵的什麼——那就是人性。所以，他拿起一堆積木，開始東拼西湊，直到弄出了一個史上第一個樂高人形，也就是幾年後被升級成為樂高人偶的原型。

樂高人偶看起來不太一樣，它呈現的是一種非典型的酷。不像芭比或Bratz（譯按：美國的時尚人偶）那樣長得很潮，樂高人偶看起來有點銼。「站著的時候，他們看起來很樸素，但坐下的時候腳翹起來的樣子，又像是史奴比裡的人物。對他們來說一定很糗。」樂高人偶迷尚·貝克特（Thom Beckett）說。

不論你對樂高人偶有何看法，身為樂高最具代表性的組件，它受歡迎的程度遠超過它那不起眼的外表。許多粉絲收集上千個人偶，有些人建立人偶軍隊，好在年會上炫耀；其他人則費盡心力地打扮人偶的外表，為它們創造新的臉、服裝設計，並為了它們，向其他特殊的小公司採購與樂高相容的配件。

對熱愛樂高的人來說，沒有比樂高人偶更完美、更適合擔任模型中人物角色的了。

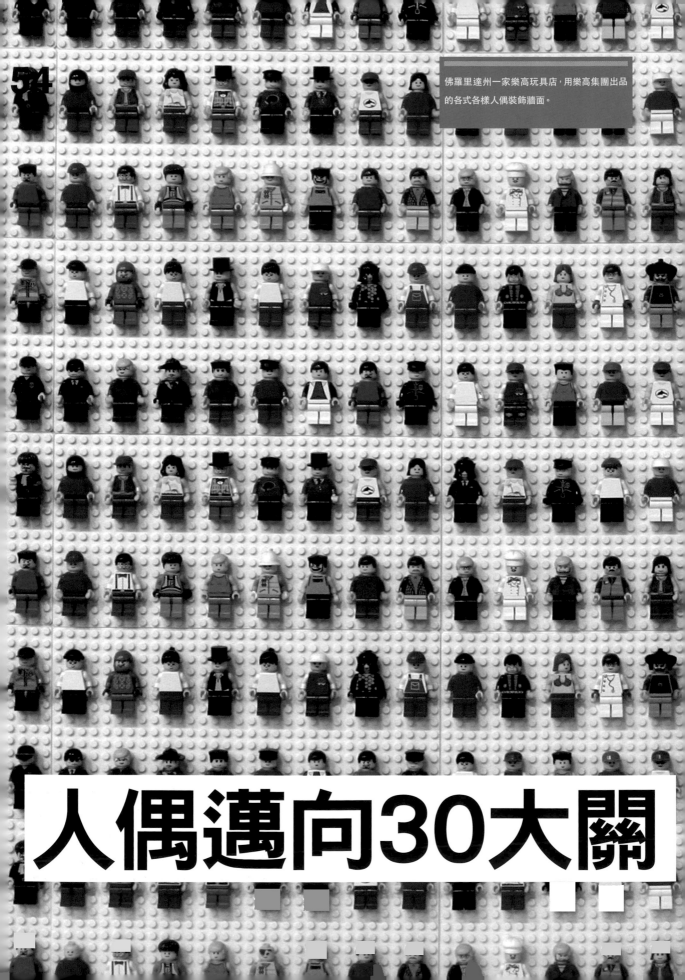

54

佛羅里達州一家樂高玩具店，用樂高集團出品的各式各樣人偶裝飾牆面。

人偶邁向30大關

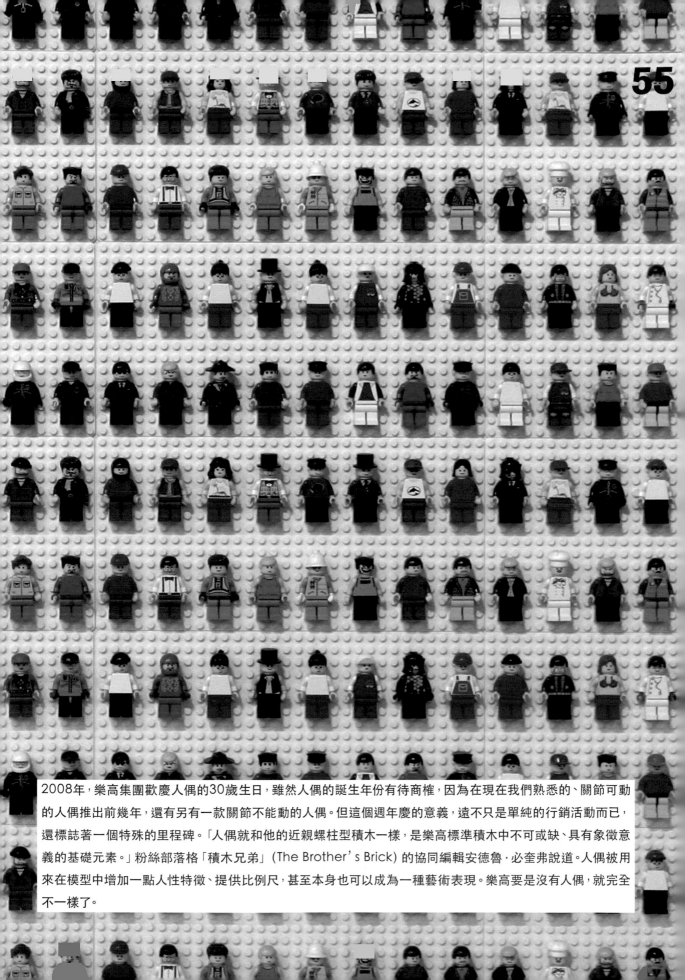

2008年，樂高集團歡慶人偶的30歲生日，雖然人偶的誕生年份有待商榷，因為在現在我們熟悉的、關節可動的人偶推出前幾年，還有另有一款關節不能動的人偶。但這個週年慶的意義，遠不只是單純的行銷活動而已，還標誌著一個特殊的里程碑。「人偶就和他的近親螺柱型積木一樣，是樂高標準積木中不可或缺、具有象徵意義的基礎元素。」粉絲部落格「積木兄弟」（The Brother's Brick）的協同編輯安德魯·必奎弗說道。人偶被用來在模型中增加一點人性特徵、提供比例尺，甚至本身也可以成為一種藝術表現。樂高要是沒有人偶，就完全不一樣了。

56

人偶二三事
Minifig Facts

既然人偶有這麼厲害的來歷,樂高集團當然會想出許許多多的事實和數據,來告訴大家這個傳奇小東西的故事。*

被生產出的樂高人偶共有超過4,000,000,000個,每秒有將近4個人偶賣出,平均每年賣出122,000,000個。

史上第一個人偶是個警察。截至目前,共有41種不同的警察,出現在104種組合中。

自1978年推出起,共有4000種不同的樂高人偶上市,其中包括不同顏色的版本;還有450種不同的頭部設計,根據計算結果,這表示樂高人偶有八萬億種可能的長相。

第一個臉上有畫鼻子的人偶,是「樂高大西部」中的美國原住民。

第一個女性人偶是個護士。男性和女性人偶的數量是18:1。

人偶臉上經典的空泛笑容,一直都沒有改變,直到1989年推出的海盜系列,才出現不同的表情,有眼罩和鉤子手的造型。

2003年對人偶來說,是顏色從黃色變成比較接近肉色的一年。

唯一做出全裸樂高人偶的方法是,利用經典的樂高太空組合中,太空人的軀幹和腿。

*來源:http://parents.lego.com/en-gb/news/minifigure%2030th%20birthday.aspx/

這個人偶源自樂高運動系列，用來表現電影《海海人生》(The Life Aquatic with Steve Zissou) 中的佩雷·德·桑多士 (Pele dos Santos) 一角。雖然樂高曾推出許多不同表情的人偶，但這個蘇聯黑幫式的壞壞笑容，卻引起不小的爭議。

人偶爭議
Minifig Controversy

然而，廣受歡迎的樂高人偶也並非完全沒有爭議。原本樂高集團的構想是，使用一個標準、無特徵的臉孔，將種族、性別留給玩積木的人自行想像，僅以造型來區別不同的角色。還記得吧，第一個人偶是警察，而第一個女性人偶則是個護士。大多數樂高人偶最醒目的特徵——黃顏色，就是表面上的種族平等特色。這特色一直持續到2003年，直到樂高推出籃球主題，並以真人NBA球員為藍本時為止。那時，樂高集團認為，期待孩子們認同和他們喜愛的球星長得不一樣的人偶，是不切實際的作法。不過，大多數的人認為，黃顏色的樂高人偶其實就是象徵白種人。「有人說黃色代表自然，我從來不同意。」必奎弗說道：「才不，黃色就等於淺膚色。我很高興看到樂高推出忍者還有大西部主題，因為這兩個主題有特定種族特色的人偶。」

貝克特也同意這種看法。「我想樂高不想承認，黃色人偶其實比較偏白而非偏黑。」他說道：「說人偶是肉色不啻是癡人說夢。事實上，即便是在產品附帶的影片中，黑人都很少見，女性也是。」

部分的問題在於，樂高集團決定在授權商品系列中，使用真實膚色的人偶。難道在《星際大戰》、《蝙蝠俠》、《哈利波特》等系列中沒有出現黑人女性，也是樂高的錯嗎？必奎弗讚賞的兩個主題：「忍者」和「大西部」人偶，都是標準黃色，但有固定特徵的。舉例來說，「大西部」中的美國原住民都有畫戰紋，而忍者的眼睛都斜向上，似乎更強化了無特徵人偶其實是代表白種人的看法。

至於性別，男性和女性的樂高人偶都沒有第二性徵，所以男性和女性都有同樣的身體，替代的是用頭髮、臉部細節，以及繪製的輪廓來表現性別。女性警察除掉口紅和長睫毛，看起來跟男性警察沒兩樣。在後來的人偶中，女性有身材，但是是繪在軀幹上的。但大致上來說，要認為它是無性別的或是男性人偶，端看個人意見。

有些人說，這是因為樂高是文化的產物；樂高的根源丹麥，是一個同質性極高的國家。在創造這些人偶的時候，原始的設計者必定認為，自己選用黃色而非特定的膚色，已經是了不起的進步了。時至今日，樂高集團起用了更多國際人才，很有可能真的越來越具有包容性。

不管怎麼說，企圖保持政治正確是一場永遠不可能贏，而且打不完的仗。那過胖或是截肢的人偶在哪裡？最後，樂高還是維持一貫作法，讓授權商品系列中的人偶，和他們所代表的角色膚色一致，而經典的核心系列則維持黃色。不過，只要這種通用黃色讓某些人認定為是代表白種人或是男性，這類爭議就永遠不會停止。

流行文化中的樂高人偶
The Minifig in Pop Culture

樂高玩家迷樂高人偶已經很久了，而社會大眾也不時關注這個可愛的塑膠人偶，將它視為或許是除了標準積木之外，樂高最核心的產品。因此，當樂高人偶出現在主流文化中，應該也沒有人會覺得奇怪了。

「辛普森家庭」卡通片頭

把樂高變成動畫影片的概念已經出現好一陣子了，例如許多用樂高人偶當主角的定格影片。14歲的愛沙尼亞人烏瑪·沙路 (Urmas Salu)，以樂高人偶和標準積木，拍攝了一支卡通辛普森家庭的片頭短片，在一場影片製作競賽中，贏得了40美金。在他還沒搞清楚狀況之前，這支影片已經透過病毒式行銷，出現在無數的部落格和網站上。你可以在YouTube上找到它的原始影片：http://tinyurl.com/bz5e3f/

辛普森家庭

塗鴉

樂高人偶的圖像,甚至出現在全世界各地的塗鴉中。它既是人又不是人。當它成為社會批判的一部分時,不論來自哪個國家的人們,都會覺得和它有某種切身關係。

煮蛋計時器

樂高集團也加入這股樂高人偶熱潮,推出許多和積木一點關係都沒有的產品。這個煮蛋計時器有人偶頭的造型,並有許多不同表情的版本。

超大人偶

荷蘭某個海灘的泳客,發現有個東西漂浮在水面上,結果是一尊高達8英呎的人偶,胸前寫著「不比你真實」(No Real than you are)。這個人偶後來被放在一個小吃攤前面,此事件引起國際媒體爭先恐後的報導。

結果,這個人偶是一個自稱為伊果‧李奧納多(Ego Leonard)的荷蘭藝術家的宣傳手法,他的畫作就是以樂高人偶為主題。這位藝術家的名字Ego,既代表LEGO,又是拉丁文中的「我」(ego)之意,他在受訪時,就把自己當做是樂高人偶。圖中是超大樂高人偶站在阿姆斯特丹的藝廊前,藝廊正展出李奧納多的作品。(參見本書第6篇<伊果‧李奧納多>)

人偶蛋糕

樂高主題的生日派對屢見不鮮，但以樂高為主題的婚禮可就沒那麼常見了。當一對樂高迷結為連理時，有什麼比用樂高人偶代表新郎新娘，更合適的呢？

萬聖節裝扮

樂高人偶裝扮，在萬聖節常常看到。通常這些裝扮都以圓形的大頭為主，而忽略像個盒子一樣的手和腿。雖然這些裝扮有的相當粗糙，但也有不少是看得出來花了很多功夫，並表現出對人偶的熱愛。最富有創意的人會想出一些巧妙的解決方案，例如利用黃色的襪子，裝扮成人偶沒有特徵、握拳的手。

長得不像爸媽的人偶

Red-Headed Step-Figs

如果樂高人偶已經這麼棒了，為何還要升級呢？一如往常，樂高集團並不以成功為滿足。樂高從不曾停止嘗試用新的方式塑造人形，幾年來並數次實驗性地推出不同款式的人物。然而，這些新款都不曾威脅到樂高人偶代表人類的一哥地位。

落敗的六位競爭者有：【創意大師】大型人偶（比樂高人偶大）、【異次元防衛者】大型人偶（Galidor）、【傑克·史東】大型人偶（Jack Stone）、【家家酒】（Homemaker）系列、【美麗小鎮】（Belville）系列，以及自成一格的【小人國】（miniland）人偶。

【創意大師】大型人偶

創意大師的模型，通常都會比標準樂高模型來得大，原因很可能來自於這系列的大齒輪。如果你想要用上齒輪箱，還有【動腦】系列的電子組件，模型就必須達到一定的尺寸才行。樂高集團也為這些大型模型發展出大型人偶，但這些人偶從未脫離樂高人偶的模樣。（但有個驚人的疏忽：創意大師大偶的產品線中，竟沒有女性人偶。）

【異次元防衛者】、【傑克·史東】和【騎士王國】

身為被淘汰產品線的孤兒產品，這些人偶也加入落選者的名單。人們只記得他們是不怎麼樣的大型人偶，並通常被拿來和其他公司生產的動作型人偶做比較。雖然有些玩家會愛屋及烏地記得他們，有些人會偶爾拿來放在模型中，但大多數的人只記得他們是失敗的產品。

【家家酒】和【美麗小鎮】系列

【家家酒】和【美麗小鎮】系列，讓人想起經典的娃娃屋：呈現住家的風貌、家庭生活，還有住家附近的小商店。就如同很多不那麼成功的產品線，【美麗小鎮】中也有些有趣的組件，但泰半還是由家庭中的物品所組成，如香腸、火雞，還有碗。有些人很喜歡【美麗小鎮】的獨特風格，還因此希望樂高推出此主題的樂高人偶。據推測，樂高決定用大型人偶尺寸配合這個系列，肇因於之前【帕拉迪莎】（Paradisa）系列的失敗，該系列是人偶尺寸的【粉樂高】（Pink LEGO）組合。

粉樂高，這個語帶貶損之意的詞，是用來形容樂高集團半認真地推出、實驗性質的女孩系列產品，讓喜歡樂高不做作、男孩風的樂高迷們無法接受。同樣地，樂高堅持不懈地推出大型人偶系列，也只換來玩家聳肩一笑。

【小人國】人偶

小人國人偶自樹一格，因為它們是樂高主題樂園裡【小人國】的居民。這些人偶並非使用特定的人偶組件，而是用個別的組件所組成，因此相當具有挑戰性。業餘玩家避之惟恐不及，但專業玩家則把建構精巧的小人國人偶，視為高超技巧的表現。

伊芳·道爾在她的醫院模型中，巧妙地運用
【美麗小鎮】和【創意大師】的人偶，不過這
對這些不受歡迎的人偶來說，可算是相當例
外的傑作。

66

安格斯·麥蘭創作可愛的帥
哥系列,立即引發一股風潮。

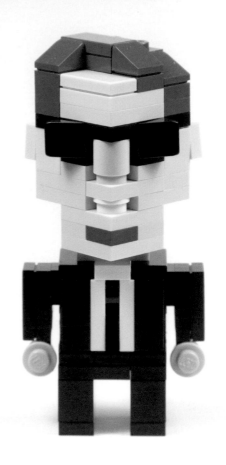

方頭帥哥：幾何化的卡通人偶

CubeDudes: Cartoony Geometric Figures

有一天，皮克斯的動畫師安格斯‧麥蘭 (Angus Mclane)，正在觀賞《特種部隊》影集，他決定要組合其中一個角色「蛇眼」的小人國人偶。他想把人偶組得小一點（因為空間不夠），所以最後的成品只比樂高人偶大了一些。正當他把玩著積木時，發現一種變形的外觀，就是將正方形的其中一面，變成一張臉。這後來就成為方頭帥哥系列的基本造型。他做了大約半打的人物，然後放在網路上和大家分享，馬上大受好評。從麥蘭的方頭帥哥登場之後，數十位樂高玩家嘗試做他們自己的方頭帥哥，但麥蘭還是被視為開山始祖。至今，他已經做出超過100個方頭帥哥，多半都是電視和電影中的人物。

分身人偶
Sig-Figs: LEGO You

要是你熱愛樂高,需要一個線上分身的時候,很自然就會用無所不在的樂高集團人偶,加上合適的裝扮,來展現本尊的個性。這樣做不僅可以有個線上分身,還可以告訴其他人,你是他們的一份子。

有些玩家還會加上一些幻想的元素,例如變裝或是揮舞著光劍。還有些人走超現實路線,使用單一顏色、看起來像雕像的模型。標準樂高組件有限,因此想當然爾,很多玩家就求助於客製化、第三方的公司的特別組件,來讓他們的分身人偶更讓人印象深刻。

資深的樂高集團員工,調皮搗蛋地用樂高人偶當名片,把名字印在人偶的T恤胸前,電話和Email則印在背後。人偶的特徵也恰如其分地和本人一致,例如有相同的髮型、鬍子等。

有些玩家的分身已經超出原本的功能,還被用來說故事。海瑟·布列騰 (Heather Braaten) 把她的分身人偶,帶到一場玩家年會中,拍攝人偶參觀許多其他玩家模型的照片;甚至還用它纏住其中一位玩家李諾·馬丁 (Lino Martins) 的大鬍子。布列騰在她的Fliker網頁上寫道:「李諾是那裡最棒的藝術家和樂高玩家之一,也最能容忍我的奇怪要求。」

(上) 安德魯·必奎弗的分身人偶正在做安德魯最喜歡做的事——玩樂高。

(下) 標準的樂高集團管理階層名片。

（上）在樂高人偶尺寸的鐵達尼號上，海瑟成了這世界的女王，不管她是願意不願意。

（中）海瑟用一支球棒，征服了微型城市夏農尼亞。

（下）海瑟找到了同夥。可是她到底加入了什麼勾當？

人偶黑市
Pimp Your Fig

人偶迷都會面臨一個無法避免的困境。一開始,他們很開心地玩標準版的人偶配件;但或遲或早,他們總會發現他們想要的東西付之闕如。玩家總是想在人偶身上加上一點什麼,讓它看來與眾不同;不論是衣服上的圖案、髮型或是武器配件都好。當他們的技巧不足以勝任創造自己的配件時,有很多第三方的公司就等著要大顯身手了。

若你不喜歡樂高集團提供的標準人偶配件,多的是第三方提供的替代選項。「BrickForge」(http://www.brickforge.com/) 正是積木客製化領域的翹楚。這間公司在2002年創立,專門製作人偶的武器,並在網路上販賣。「BrickForge」和其他類似的公司,填補了樂高產品線中刻意留下的空缺。例如樂高海軍陸戰隊永遠不會出現,但是藉著「BrickArms」公司的產品,你就可以自己打造。

BrickArms (http://www.brickarms.com/) 於2006年成立,起因是創辦人威爾・查普曼 (Will Chapman) 的兒子想要二次世界大戰的武器,用來裝飾他的樂高人偶。這種配件在樂高集團裡找不到,所以查普曼就自己打造。幾年內,他的產品線就擴展到45種武器、武器組合包,還有以中世紀、科幻,以及現代武器為主題的變裝人偶。

對沒有辦法自己打造塑膠配件的人來說,有個簡單的方法:在空白的人偶上貼花,快速變裝。當然大多數人沒辦法真的印刷,但他們可以用彩色印表機,印在透明的貼紙上。雖然不像店裡賣的樂高那樣平滑,但對很多玩家來說,已經綽綽有餘了。

亞曼達・鮑得溫 (Amanda Baldwin) 的Flicker網站上有步驟教學,描述她如何運用微軟提供的免費Paint.NET程式,創作數十個城堡系列相關的設計。她製造騎士的盾徽、公主的衣著花樣,還有讓她的中庭看起來別具風味的中世紀小裝飾。

但並非每個人都想幫自己的人偶客製化。很多玩家習慣了樂高集團的高標準品質,不會對業餘產品抱持著不切實際的期待。在車庫裡敲敲打打做出來的配件,怎麼可能和官方組合中的一樣精美?雖然這些業餘產品的粗糙可能讓這些人皺眉,但還是有很多人為了能夠自己設計人偶的外表,而願意犧牲品質。

最新的發展是將圖案印在人偶身上,類似樂高為員工製作的版本。這種印刷組件的品質,包括積木和貼片,都和樂高集團印製的積木接近,並且已經開始出現在一些玩家的模型中。

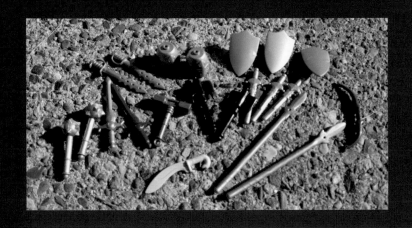

（上）BrickForge製造的一系列塑膠武器配件。這家公司只有兩個人，專門販售人偶配件。

（下）亞曼達‧鮑得溫的公主人偶，裝扮由她自行設計。

名人人偶
Famous People, Minisized

隨著官方版和非官方版的人偶組件增多，也有越來越多人想用這些組件構成知名的公眾人物。對貝克特來說，這樣做的好玩之處，來自於把孩童的玩具和成人的世界結合。「這是將我的眾多興趣合而為一的方法之一，我已經做了一些政治和音樂領域的人偶，還有電影和科幻中的角色。」

角色人偶

創造一個角色是一種特別的挑戰。如何賦予人偶該角色的精神，而不致於淪為外型相似的刻板造型？除了皮製的傘，魯賓遜漂流記的人偶還可以怎麼做？

1.魯賓遜漂流記　2.《金銀島》中的海盜史約翰　3.電影《銀翼殺手》中的里克·迪卡恩　4.《木偶奇遇記》的皮諾丘　5.開膛手傑克　6.《聖誕夜怪譚》中的小氣鬼埃彼尼澤 7.「24小時反恐任務」中的傑克·鮑爾　8.《白鯨記》中的亞哈船長 9.阿爾卑斯山少女：小蓮 10.電影《黑色追緝令》中的文森和朱爾斯

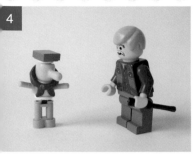

74

領袖人偶

用人偶做成政治人物看似不難，但有個挑戰：如何說一個有趣的故事？尚·貝克特的場景，是用來諷刺前副總統錢尼著名的狩獵意外。

作者人偶

塑造一個作家或是一個創意人物，造型會有些難度，因為不像政治人物或演員，他們的臉大眾並不熟悉。美國詩人康明斯長怎樣，誰知道？有個解決方法是創造一個「微景」(vignette)，亦即一組迷你場景。貝克特創作的蘇格拉底，正拿著一個毒酒杯，場景正如同雅克·路易·大衛 (Jacques-Louis David) 著名的畫作《蘇格拉底之死》。

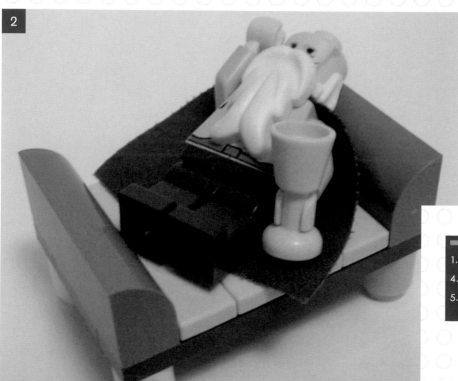

1.海明威 2.蘇格拉底 3.維吉尼亞·吳爾芙
4.安瑟·亞當斯（譯按：美國著名攝影家）
5.梵谷 6.喬叟

怪咖人偶

我們這個世代的偉大思想家是不是怪咖?一點也不令人驚訝的,樂高怪咖喜歡組建書獸子怪咖。

1.達爾文 2.發明家阿爾弗·諾貝爾 3.卡爾·蔡斯(透鏡製造者) 4.亞伯特·愛因斯坦 5.駭客理查·斯托曼(譯按:美國自由軟體運動的精神領袖) 6.亞馬遜網站執行長傑夫·貝卓

藝人人偶

演員和歌手、音樂家是我們的社會中最出名的人。也因為如此，他們常常成為人偶複製的對象。

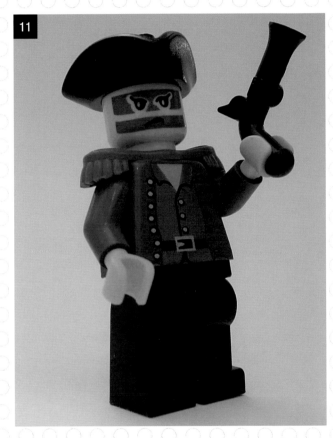

1.白線條合唱團 (The White Stripes) 2.李小龍 3.卓別林 4.麥克·傑克森 5.小甜甜布蘭妮 6.克林·伊斯威特 7.史考特·喬布林（譯按：美國作曲家、鋼琴家） 8.莫札特 9.吉米·罕醉克斯（譯按：美國著名歌手、吉他手、作曲人） 10.流線胖小子（譯按：DJ／混音師／製作人） 11.亞當·安特（譯按：英國『亞當與安特們』樂團的團長） 12.村民樂團（譯按：1970年代經典男子演唱組合）

人偶比例模型
Minifig Scale

極巨大的胡德號戰列巡洋艦模型，即使撇開在甲板上游泳的人偶不論，也還是十分引人注目。

你已經看過樂高人偶對玩家來說有多重要,因此也不會太意外,有許多模型正是依人偶的比例組建,所有的尺寸都是以把人偶當做真人的等比例縮小。事實上,幾乎所有的樂高組合,都是依照人偶的尺寸比例設計,樂高集團經典的系列,如【太空】系列和【城市】系列,無一例外。

人偶比例的模型有趣也容易組建,但它也會讓模型變得太大,甚至放不進客廳裡,讓組建此類模型變成不可能的任務。就算只是4層樓的模型,用人偶比例也會變成既耗時又花錢的大手筆。試著想像,以人偶比例組建的星艦企業號,或是芝加哥第一高樓席爾斯塔 (Sears Tower),尺寸會有多驚人。事實上,你也只能用想像的,因為至今還沒有人以等比例組建過這麼龐大的模型。許多人嘗試組建等比例的知名建物模型,但最後通常是以縮小尺寸或部分縮減作終。這些模型讓聯想到原始版,但非原物的等比例尺寸。

到底什麼是人偶比例?這麼說吧,一般的樂高人偶代表的是5尺9吋 (1米8) 高的人,所以實際高3.8公分的人偶就等於原尺的1/44。一般來說,比例介於1/30到1/44的,都可以被視為傳統的樂高人偶比例。

但就如同任何和樂高相關的事一樣,總有些彈性。有些玩家堅守一比三十的比例,但有些玩家在建造大型模型時,會稍微在比例上作調整。就如同馬爾・毫金 (Malle Hawking) 的現代航空母艦「杜魯門號」模型,也是目前的世界紀錄保持者,就是以一比六十八的比例建造,樂高人偶剛剛好可以坐進飛機裡。

有些人偶比例的模型如此巨大,需要縝密的計畫和無比的耐心。例如艾德・迪門特 (Ed Diment) 的「胡德號」,用了將近100000片積木,花費約15000美金,耗時7個月才完成。它有20英呎 (6公尺) 長,而且必須分割成幾塊,才能收進迪門的樂高房中。「4層的艦塔都有電力驅動,用來旋轉和上升。至少在這幾年內,我都不會把這個模型拆掉。」迪門如此告訴《積木兄弟》網站。

一艘二次世界大戰的戰艦當然是個龐然巨物,但恐怕離歷史上或是科幻中最巨大的人造建物,還是有段距離。這就產生了一個疑問:一比四十四的萬里長城,或是「死星」(譯按:《星際大戰》系列電影中的虛構太空要塞。尺寸和月球相當) 會有多大?雖然要等到有人真的建了模型才會知道,但我們還是可加以推測。

以下是一些異想天開、可能永遠不會出現,人偶比例的龐然巨物。

帝國大廈
真實尺寸:包含天線塔1470英呎 (448公尺) 高。
人偶尺寸:33英呎 (10.2公尺)

星艦企業號NCC-1701-D
真實尺寸:203英呎 (642公尺) 長;1532英呎 (467公尺) 寬,中間還有個約2000英呎 (610公尺) 的碟。
人偶尺寸:48英呎 (14.6公尺) 乘以35英呎 (10.7公尺)

「巴比倫五號」太空站
真實尺寸:27887英呎 (8500 公尺) 長,也就是5.25英哩
人偶尺寸:633英呎 (193公尺)

拉瑞・尼文的「環形世界」
(譯按:Larry Niven創作於1970年,獲得雨果獎和星雲獎的科幻小說)
真實尺寸:最窄處997000英哩寬
人偶尺寸:你該不會是認真的吧……!

建造這樣一個模型需要多少片樂高?如果迪門的區區一艘船艦都需要100000片,那這種大得誇張的模型會需要用掉多少?

撇開這點不論,好的模型不只是用掉多少積木而已。著名的巨型樂高模型充滿了各種美妙的細節,而非只是用掉許多積木而已。

最終,樂高迷對人偶及人偶比例的痴狂,並非第一目標,他們最終的目標還是:盡他們所能,組建最棒的模型!

(Re)creating Icons
4 再現經典

當樂高迷亨利·林姆 (Henry Lim) 決定要用樂高組建一台大鍵琴時，他心中想的可不只是一個模型罷了，他想要讓他的模型不僅是一架真的樂器，且在各方面都盡量貨真價實。

　　首先，是建造大鍵琴的基本結構。林姆在洛杉磯加州大學音樂圖書館工作，他參考了許多書籍，盡他所能的，讓這台大鍵琴的尺寸和比例正確無誤。但這都還是簡單的部份，林姆還希望讓它的聲音聽起來就像真的大鍵琴。林姆在訪談中提到：「我諮詢了我的朋友羅伯特·波提羅 (Robert Portillo)，他是個樂器保存專家。在我組建音板之前，他先計算出與每個鍵連接的每根弦的長度。」

　　最後，做出的這台樂器重150磅、用掉大約100000片樂高積木。為了較佳的外觀以及聲音品質，林姆在幾乎每一片露出的積木上，都覆蓋了光滑的平板。

　　這台大鍵琴可以作為一種現象的表徵，就是玩家們追求用樂高再現經典、標誌性的物件，包括建築物、藝術品，或是知名的文物。對這些樂高迷來說，真實和準確性至關重要，儘管他們用的是極度不真實的材料。

　　有些玩家用樂高積木仿製藝術家的作品，用手工向畢卡索的大作致敬，或是用積木和樂高人偶禮讚音樂專輯封面。其他人則用樂高人偶及場景，呈現歷史上的重大事件，或是用最小的樂高組件，組合出錯綜複雜的地圖。

　　其他樂高迷則回應樂高取得電影授權之舉，喜歡描繪電影中的場景和人物角色，範圍從賣座大片《星際大戰》，到只有行家才知道的小眾影片不等。

　　可以說，這些玩家的不同，並非因為他們組建了什麼模型，或是怎麼建好的。對他們來說，重現知名的建築物或車輛只是次要的，把玩塑膠樂高積木才是最重要的事。

亨利·林姆用樂高，組建一台可以
使用、一比一的大鍵琴。

樂高狂人卡爾

Carl the LEGO Guy

「我最喜歡反映出真實的作品。」卡爾‧梅里安 (Carl Merriam) 表示:「當有人看到我的作品,一時之間沒有發現那是樂高做的,讓我有種怪異的成就感。有一回,我正在布置一個展覽,和我一起工作的某個人從我的筆筒裡抓起一支樂高筆,寫了一些東西。正當我們為這個誤會咯咯笑時,幾秒鐘之後,他又回來,這回抓了支樂高螢光筆又走了!」

梅里安熱愛樂高,對他來說,他對這個創作媒介的重視,僅次於追求極盡真實地呈現原物的面貌。「我試著表現真實生活中已經存在的、符號化的形象,我的目標,就是讓模型直接和那個符號形象一致,才會讓人一眼看不出差別來——有時兩眼也看不出來。」

如同其他許多再現真實物品的玩家一樣,梅里安會在網路上徹底研究他仿製的對象,到廢寢忘食的地步。他表示:「我會一直想著我要組建的東西,然後在晚餐時、開車時,甚至連工作時也在發呆。只除了在做重要的事的時候之外——也就是玩樂高。」

之後梅里安就開始組建模型中最困難的部份。「從此就是一連串的嘗試錯誤、痛苦、哭泣,還有沮喪。」他說道:「通常我會就同一個東西,組建3到5個不同的模型,直到我滿意,或是沒有時間為止。」

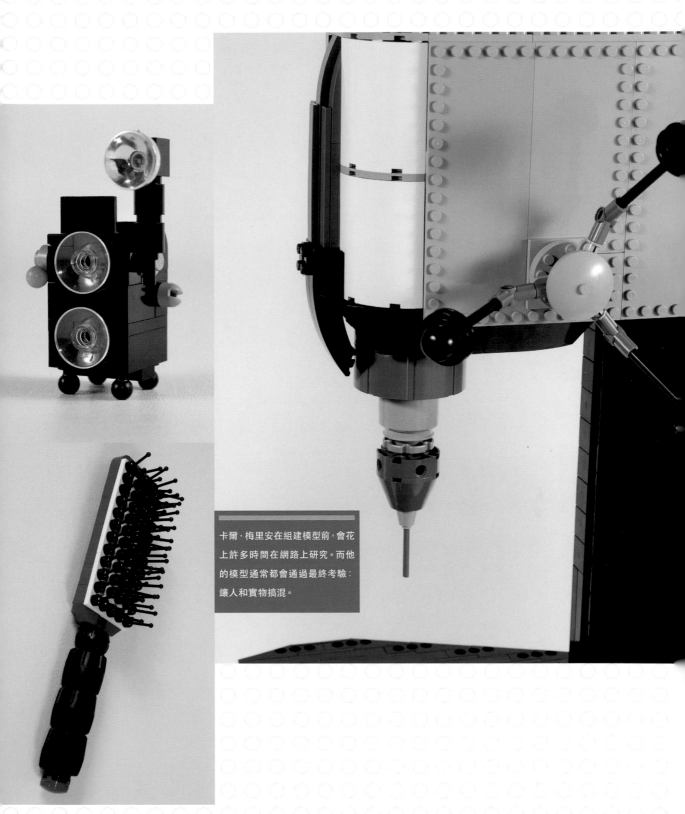

卡爾‧梅里安在組建模型前,會花上許多時間在網路上研究。而他的模型通常都會通過最終考驗:讓人和實物搞混。

再現建築物
Architectural Re-creations

同樣身為建造者，許多樂高玩家對於建築物懷抱熱情，通常這也會導致他們嘗試用自己的雙手，組建出知名的建築物，如芝加哥的席爾斯塔，或是帝國大廈。

這些玩家們幾乎馬上就會發現，這個計畫的困難之處。建構一個想像中的建築物時，由於沒有原始版可供對照，沒有人會質疑模型的尺寸或是細節出了錯。但另一方面，企圖重現經典建築物的玩家，則無可避免的會受到種種從細節到尺寸、吹毛求疵的批評。即使玩家小心翼翼地設計他們的模型，還是要面對尋找合適的積木來完成這個願景的挑戰。不是每個人都可以隨時掏錢出來，買上幾千片的樂高積木。

西恩·肯尼 (Sean Kenney) 的洋基棒球場模型，比例尺為一比一五〇，耗時3年組建，用掉45000片樂高積木，模型中呈現超迷你的球員和球迷。

圓頂清真寺

（譯按：耶路撒領著名地標）

住在克里夫蘭的高中數學老師：亞瑟‧古吉 (Arthur Gugick)，以解數學難題的情境，比喻組建這些模型的過程：「它就像是個神奇、複雜，完全不知道結果的數學題，唯有透過創意和創新思維，才有可能破解。」古吉並舉例說道：「現在你手上有3組有限的立體積木，請使用這些積木，重現你所看見的形象。」

在他的圓頂清真寺模型中，他並非仿造每個細節，但捕捉了原本建築的神韻，成功地重現了複雜的伊斯蘭磁磚藝術。他使用樂高堆疊好幾層的方式，讓下層的樂高從最外層的洞中透出來，以模擬複雜的馬賽克效果。為了展現技巧，他甚至隱藏了所有的積木榫頭，應用一種稱為「隱藏接頭」的技巧，讓每個表面都被光滑的積木面覆蓋。

亞瑟‧古吉的圓頂清真寺模型，成功地模擬了這個聖地的氣氛。

馬提亞·葛古力克打開了一本科比意的書,之後便決定要重現這位瑞士建築師的傑作:薩伏伊別墅。

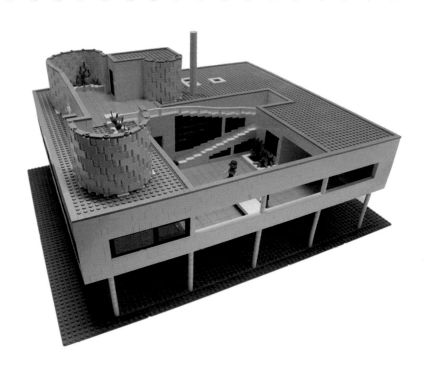

薩伏伊別墅
Villa Savoye

有些玩家再現知名建築物的方式,是參考相關書籍,以取得靈感和研究題材。克羅埃西亞的建築學生馬提亞·葛古力克 (Matija Grguric),想要組建一個科比意 (Le Corbusier) 的薩伏伊別墅模型,他找到一本這位建築師的相關書籍,從中取得了可靠的資料,包括建築物的尺寸和顏色,從而組建了一座等比例的模型。

當葛古力克把他的模型照片放上樂高同好網站Mocpages.com時,意外地發現,原來重現經典之所以蔚為風氣的首要原因,就是會廣受眾人注意。葛古力克的圖片在幾星期之內,就吸引超過10000人點閱,讓很多原本不是樂高迷的人,也迷上了重現經典建築的模型。

加拿大
國家電視塔

2003年秋季，亞倫‧貝弗德 (Allan Bedford) 開始動手，用積木重現位於多倫多的加拿大國家電視塔。他的首要目標，是讓這座模型盡可能地忠於原版。所以他在網路上研究這座建築的細部尺寸，並建造了與之相符的模型。同一年稍晚，他的作品在多倫多展出，並受到許多好評；但他總覺得少了些什麼。雖然這模型忠於原版，但貝弗德並不喜歡它。因此他決定從頭來過。

在一次受訪中，他說道：「這次我在建模型時，有意識地不要完全按照尺寸。」相反地，這次他專注於組建一個漂亮的模型，而非一個正確的縮小版。現在的版本有10英呎高，用掉約5000片積木。這個新版曾經在多倫多的嗜好展 (Toronto's Hobby Show)，以及2006年的「積木世界」(Brickworld) 大會中展出。

亞倫‧貝弗德站在他的第二版加拿大電視塔模型旁邊。

雅典衛城
The Acropolis

復活節島
Easter Island

拼組和平：世界遺產
樂高版

Pieces of Peace:
World Heritage
Sites in LEGO

斯瓦揚布納特佛塔
Swayambhunath Stupa

譯按：位於加德滿都，或譯四眼天神廟

The 金字塔
Great Pyramid

「拼組和平」展覽的內容，是樂高模型大師直江和由的傑出作品，包括26個由樂高積木組合的世界文化遺產。展出作品包括許多知名地標，如倫敦大笨鐘、比薩斜塔、羅馬競技場，以及自由女神像等。這場展覽由Yahoo! Kids Japan、樂高集團，及PARCO百貨集團贊助，並為聯合國教科文組織（UNESCO）募款，這個機構為聯合國轄下，專為贊助各國之間的文化交流而設。

　　這個展覽於2003年，首次在涉谷的PARCO百貨登場，並於之後幾年在PARCO百貨日本全國各地的據點中展示。第二次的展覽則在2008年開幕，並於該年度中巡迴日本各大城市。

　　「拼組和平」展覽虜獲了全球的目光，自開展以來，官方部落格的點閱率已超過80,000,000人次。

「拼組和平」展出許多史詩般的建築物，例如雅典衛城、復活節島巨像、聖家堂、加德滿都的斯瓦揚布納特佛塔（背景還有聖巴西爾大教堂）、金字塔、聖米歇爾山，以及西班牙的聖家堂。

聖米歇爾山
Mont Saint-Michel
譯註：位於法國諾曼第附近，距海岸約1公里的岩石小島。

聖家堂
Sagrada Famili

樂高火車
Trains

你也許看過樂高目錄，也瀏覽了官方網站，但你還是可能會錯過它——樂高火車模型。這系列隱藏在傳統的鐵路模型組中，被塞進龐大的城市系列的縫隙裡，還常常從目錄中消失；可見樂高火車並未受到主流消費群的重視。

但即使缺少行銷，樂高火車還是擁有死忠的粉絲。這些玩家的小群體，因為有著特別的興趣和規則，而顯得特色鮮明。其中最明顯的特色，可能他們是對細節和精確度的執著。對於正統火車的建造者來說，精確度的確是至關重大的，因此大多數的火車模型愛好者也是如此。「當我著手一項模型計畫時，精確度是我最重要的考量之一。」樂高同好雜誌《鐵道積木》（Railbricks）的編輯：傑若米・蘇吉翁（Jeramy Spurgeon）說道：「為了取得正確的尺寸數值，我經常會刻意收集各種圖表和電路圖。」

但火車迷對於精確度的執著，也讓他們陷於尷尬的處境。身為樂高迷，他們習於某些不夠真實、但無可避免的折衷方案，例如，讓樂高積木的螺柱榫頭點綴在模型上。但如果真實度真的這麼重要，為什麼他們不改用其他更寫實的材料，還要繼續使用樂高呢？為此他們陷入窘境中，因為通常他們會先入為主地認為，使用非樂高的材料，就不是一個好的樂高作品；但同時，作為求真主義者，每個不精確處還是令他們耿耿於懷。

（對頁）傑若米・蘇吉翁的工業火車模型，從桶槽的曲線到鐵軌間的雜草，在在炫耀其精確度和驚人的細節。

當然，組建樂高模型一部分的樂趣，就是來自於克服這個媒介的極限。有些玩家會引進一種特別的技巧，稱為「隱藏接頭」。這種技巧是利用頂端光滑的平板積木，讓火車的外表看起來更真實。他們的作品維妙維肖地模仿傳統的火車模型，在年會中展示時，還會讓參觀的觀眾誤以為是在樂高地景系列中出現的，官方版的火車模型。（譯按：S-gauge/O-gauge，皆為常用的模型火車比例尺寸。）

樂高積木還有一個好處，就是它並非恆久不變的。「我想，這其實是真正的重點。」蘇吉翁表示：「當組建技術進步、新的技巧出現，或是樂高推出了新種積木時，玩家們常常會回頭檢視他們的作品。」許多案例顯示，有推陳出新的火車車體和地景可供選擇，足以彌補樂高這種素材較缺乏真實性的缺點。

火車迷的另一個挑戰，來自於當樂高集團決定重新設計產品線時。樂高集團的第一組火車，在1996年時推出，用的是12伏特的電力。這組火車是依據德國國鐵（DB）設計、真實感洋溢，因此吸引了不少原本玩傳統火車模型的玩家們琵琶別抱。到了1980年代，樂高全面翻新整個產品線，強化了控制系統，讓鐵軌轉轍器、信號、平交道可以電動化。1991年，這系列迎接了更激烈的改變，電壓變成9伏特，以類似一般火車模型的供電方式，由軌道中的金屬導軌傳輸電力，藉以驅動火車和其他電子組件。

（對頁）這個美麗的芮丁鐵路（Reading Railroad；譯按：美國歷史上的火車公司，1833-1976）火車頭，呈現一種對細節近乎病態的執著，擬真的引擎不過是其中一部分而已。

火車迷這群人還有個特色，就是通常他們的興趣都可以維持好幾年。試想，當一個玩家已經砸下大筆銀子買了龐大的火車組合，卻發現這款型號已經停產了，感覺會有多沮喪。被迫採用了樂高的動力、控制組件，樂高的火車玩家只好順應該規格，直到它改變為止。

最近一次的案例，是引入開關控制的電力系統。2006年，樂高集團決定放棄以導軌通電，用電池驅動的火車取而代之，並以遙控控制。「很多成人玩家花了大把銀子在9伏特系統。」蘇吉翁說道，現在他們必須仰賴車庫拍賣和線上拍賣，才能增加收藏品。任何樂高新出的產品，都和他們原來的組合不相容。樂高就是這樣報答忠誠度的嗎？這讓樂高集團面臨了一場打不贏的仗：要嘛，忽略這個產品革新帶來的商機，要嘛就是，和一群人數雖小、聲量卻不小的顧客槓上。「我認為樂高做這個決定，是為了要保持在玩具市場的競爭力。我喜歡這個決定嗎？不。但我願意支持這個決定。」蘇吉翁說。

不過在零組件方面，樂高就下定決心，要做得更好。因此在產品革新過程中，樂高引入了成人玩家，並在研發新產品時，聽取一群玩家核心團體的意見，請他們來試用新產品。「下一個火車產品線，將會直接取決於這種聯結。所以對於未來，我很樂觀。」蘇吉翁說。

（對頁）有什麼會比一個繁忙的城市更複雜的？蘇吉翁的都會模型，呈現你想得到的各種都會人物和物件：消防車、騎腳踏車的孩童、指揮交通的警察，當然，還有火車。

亞瑟·古吉用圓點積木在方形積木上，拼出達利的畫
作：《永恆的記憶》（Persistence of Memory）。

堆疊經典之作

當火車模型迷忠實地重現工業設施和歷史的場景，有些玩家則專注於謳歌經典之作。這種衝動還滿容易理解的，想想要是你熱愛畢卡索的《格爾尼卡》（Guernica），為何不用樂高，做一個自己的版本呢？雖然用塑膠積木重現這些傑作，可能比不上原創藝術家的天份，但確實是需要一定程度的野心。

這些樂高作品，透過高度技巧的實現，呈現出的結果往往會吸引許多人注意。一般人也許不會像樂高迷那樣喜歡樂高，但因為他們心中對原本的傑作已經有了文化認同感，因此很容易接納這些藝術再造品。然而，有些樂高迷對此則持保留態度。他們認為這些複製藝術品的玩家，不過是利用這些已有廣大支持者的傑作，攀龍附鳳，而不去構思一個全新、不為人知的作品。不過，就算對此持懷疑態度的人，也必須承認：要成功地複製如同原作的氛圍，需要有高超的模型技巧。

以下是一些重現經典傑作的案例。

M. C. 埃舍爾 (Escher's) 的視覺幻境

埃舍爾本身並非數學家,卻深受幾何形、規則分布的「曲面細分」形狀吸引。許多樂高迷都對埃舍爾的作品很著迷,特別是亨利·林姆 (Henry Lim)。他用積木複製了許多埃舍爾的傑作。林姆還曾經受香港科學博物館委託,為一場埃舍爾的展覽,創作模型。

　　許多樂高模型都是以人偶比例組建的,這種比例是將樂高人偶當成實際真人的尺寸。然而,林姆選擇用較大的比例建造模型,並用積木組成人形。就某方面來說,林姆的人形比起樂高人偶,更接近埃舍爾作品中,面無表情的人類。例如在作品《相對論》(Relativity) 中出現,那些無性別、無面目、穿著連身衣的人形,實在是太不具有個性了,因此就連樂高人偶放在其中,也會顯得太突兀。

　　林姆面臨最大的挑戰,就是要創造一個根本就不可能存在的場景。像埃舍爾那樣,畫出視覺幻境是一回事,但實際要做出來,又是另外一回事。就拿埃舍爾的《不可能的瀑布》(Waterfall) 為例,水從Z字型的彎曲水道往上流,直到抵達所謂的瀑布頂端。林姆的方法是,創造一個讓觀眾觀看模型的「最佳結合點」(Sweet Point),從這個角度看起來,幻境是可以成立的。同時,這展覽也鼓勵參觀的觀眾繞著這模型轉,觀察幻境模型背後的祕密。

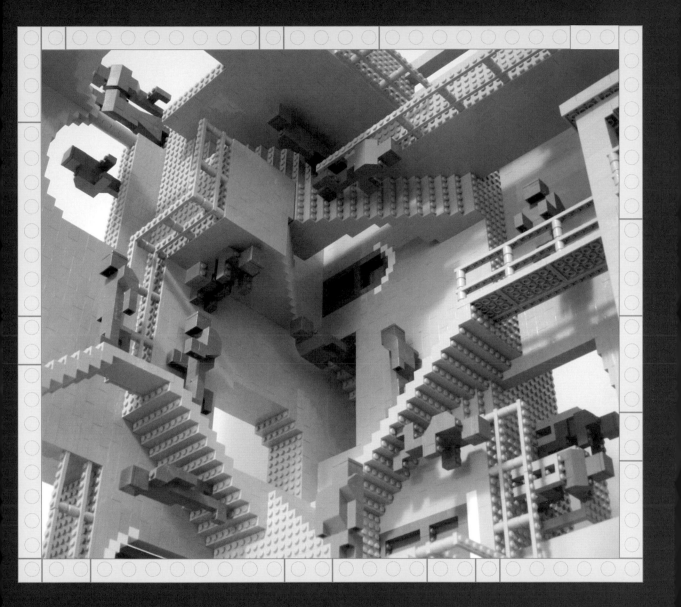

亨利·林姆呈現荷蘭版畫畫家M．C．埃舍爾最著名的視覺幻境。埃舍爾大可讓他腦中的幻境留在平面的領域中，林姆卻必須仰賴觀賞的角度，化不可能為真實。

義大利繪畫大師會用樂高創造什麼？
大概不會是像馬可·佩榭（Marco
Pece）組合他的畫作這般吧。

達文西的傑作

李奧納多·達文西最著名的兩幅畫作：《最後的晚餐》和《蒙娜麗莎的微笑》，已經無孔不入地滲透我們的文化中，因此幾乎無可避免地會有玩家想重現它們。馬可·佩榭的作品可能是其中最傑出的，他只用了一點點影像後製，就讓模型呈現出原作的風貌。

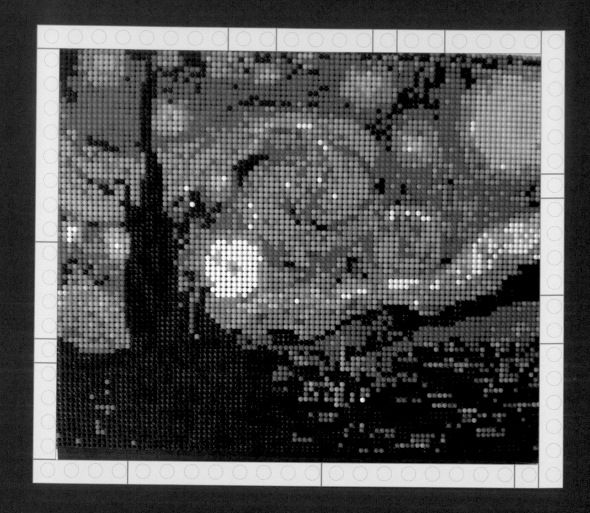

亞瑟·古吉的馬賽克《星空》(Starry Night)，運用多樣的顏色，增添畫面的繁複程度。

梵谷的《星空》（Starry Night）

梵谷以他對色彩超凡的掌握，名留青史。樂高迷亞瑟．古吉用
用圓點積木疊在方形積木上，讓不同的顏色可以透出來，以
再現這位荷蘭畫家的傑作。

積木版聖經（Brick Testmant）

許多樂高迷嘗試組建他們最愛的書籍、電影中的場景，但沒有人像布蘭登·包威爾·史密斯 (Brendan Powell Smith) 這麼有耐性。他的作品《積木版聖經》，號稱是世界上最大、最完整的圖像聖經。史密斯自稱為神職人員，他利用樂高組成場景，並拍攝超過3600張照片，重現超過400則聖經中的故事。

史密斯創作出聖經中所有家喻戶曉的故事，包括該隱與亞伯、摩西的誕生；但他也沒有漏掉細微的故事，例如撒母耳記第12章第26節 (2 Samuel 12:26) 中，約押 (Joab) 攻取亞捫人的京城拉巴的故事。他已經將許多舊約 (Old Testament) 中的故事圖像化，新約 (New Testament) 的故事相較之下則比較少；不過他目前還是持續創作。每個故事都依照：「裸露」、「性」、「詛咒」和「暴力」來分級，但全都是在樂高的極限下──裸露的樂高人偶，看起來除了全身黃黃的，和一般沒兩樣；而暴力場景中，不過是用紅色透明的樂高積木代表流血。

史密斯並非真正的神職人員，他描述自己是「有黃金胸懷的瀆教異端」(blaspheming heretic with a heart of gold)；但還是有超過200間主日學和教會，希望借用他的作品，以協助聖經教學。只要不是作為營利之用，他都會授權給這些團體使用。其他的需求則轉向他的網路商店 (http://www.thebricktestament.com/)，裡面販售各式海報、書籍，以及他客製化的樂高組合。史密斯的舊約聖經作品，已在2001年秋季由Skyhorse Books出版，名為《積木版聖經》。

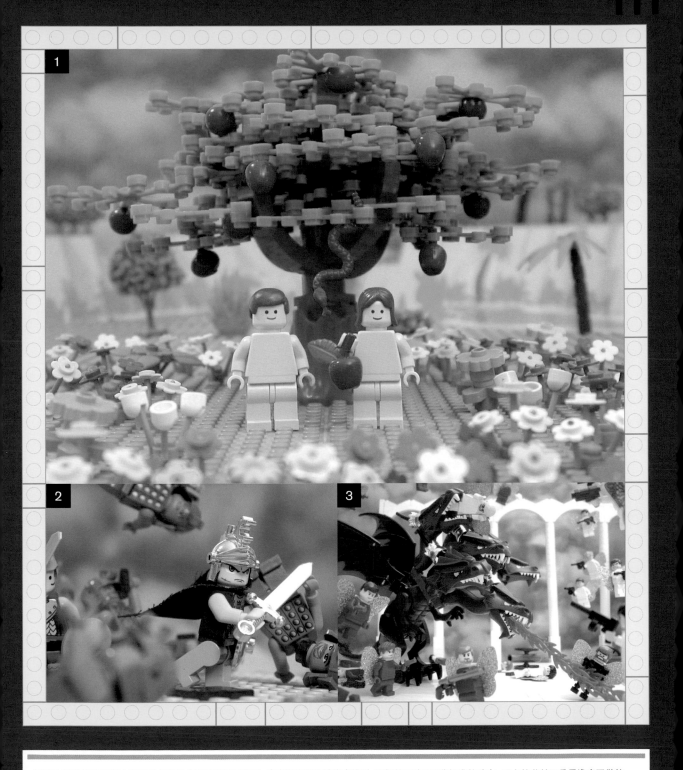

（對頁）從這幅耶穌背十字架赴各各他的場景中可以發現，史密斯樂於改造樂高模型，耶穌的手臂用了非標準的積木，頭上的荊棘冠是用橡皮圈做的。

1. 沒有無花果葉遮羞，亞當和夏娃看著蘋果樹，而蛇滿懷期待地看著他們。

2. 一個聖經中的戰士砍倒敵人。如果畫面中含有裸露、性、暴力或咒詛，史密斯都會加上警語。

3. 在出於幻想的版本中，天使長米迦勒和他的天使槍手，大戰撒旦（以龍形出現）以及身穿紅色的撒旦黨羽。

電影靈感 Cinematic Inspiration

樂高迷一直以來，就熱中於組建他們熱愛的電影場景，以及其中的車輛。樂高集團也加入這股行列中，順勢推出電影相關的模型組合、經過授權的大型場景模型，包括近期及非近期的電影。

瓦力 (Wall-E)

《積木天地》的發行人兼同名書籍作者：喬・曼諾（Joe Meno），花了3個月的時間，設計了他自己版本的「瓦力」——一部動畫片中的角色。他花了超過2個月，研究和製作草模，並用掉後面3星期，調整至目前的模樣。曼諾最初的目標，是希望他的模型具有功能，也就是有機械動力、可以用開關控制，和電影中的瓦力一樣。他面臨的第一個障礙就是：要把瓦力做成多大？

他從履帶開始組合，並在【創意大師】系列的推土機組合中，尋找他最鍾意的款式；並以此為基準，決定瓦力的尺寸。他在電影上映的兩週前，完成的他作品，照片才一放上Flicker網站，就像病毒一樣散播開來。瓦力在世界樂高年會中，為他贏得了「最佳機械創作」獎，並在迪士尼樂園的「全國奇幻大會」(National Fantasy Convention)、「大師歡慶」(Festival of Masters) 中展出。

喬・曼諾的「瓦力」不僅外型神似，更捕捉了原創中的神韻，可說是取得了此類模型的聖杯。

異形女王 (Alien Queen)

傑夫·瑞紐 (Jeff Ranjo) 用【生化戰士】系列的積木，組建了這隻異形女王，靈感來自於1986年的經典電影《異形》(Aliens)。這個模型長度超過2英呎，再現了電影中這隻大怪獸的神態，卻不被準確的細節所囿。舉例來說，模型的牙齒是用【創意大師】系列的齒輪做成的。

「生化戰士」版終結者
(BIONICLE Terminator)

麥特·阿姆斯壯組建電影《魔鬼終結者》中的機器人模型的過程，正如同在許多玩家身上上演的情節一般。一開始，他只是玩玩積木組件，不知怎地就開始建模型了。「這隻機器人手臂，是從幾片依稀看得出像手指的樂高積木開始的。」阿姆斯壯說道：「接著它們長出手腕和手掌，最後變成完整的手臂。之後我找上許多不同機器人的配件，把它們拆開，另外組合成一個頭顱。」華麗、哥德美學風格的樂高【生化戰士】系列，表現的是對抗巨型武器的高等電腦控制生物體。在阿姆斯壯手中，它們變成完美的模型素材。

（上）還有什麼用途，會比H. R.吉格爾 (Giger) 的異形，更適合樂高的【生化戰士】系列？
譯按：H.R.吉格爾為設計異形造型的藝術家

（下）電影《魔鬼終結者》中的機器人殘骸模型，將【生化戰士】獨特的風格發揮得淋漓盡致。

爪哇沙戰車 (Jawa Sandcrawler)

韓那斯·夏默 (Hannes Tscharmer) 用了10000片積木，建造了一台《星際大戰》(Star Wars) 中的沙戰車模型，這台模型戰車可以遙控，並運用電力驅動裝置、電池組件以及LED燈，讓內部充滿了大量符合電影情節的細部。艙內有樂高人偶比例的3層樓、1台有動力的起重機和坦克履帶，還有可以開闔的斜坡。複雜精細的工具間內，有1條會動的輸送帶和燈光。

波巴費特盔甲 (Boba Fett Costume)

西門·麥當諾 (Simon McDonald) 的盔甲，除了連身衣和魔鬼粘的貼合處之外，全部都是用樂高做的。這件盔甲是取材自《星際大戰》中很受歡迎的角色「波巴費特」，一支手臂安裝發射槍，可以射出創意大師系列的零件，另一支手臂則可以發射雷射——用的是【出力】系列 (EXO-FORCE) 中的紅色 LED 燈。麥當諾還做了另一件類似的「達斯·維達」(Darth Vader) 裝扮。

西門·麥當諾的曼得羅林人盔甲，因為忠實呈現電影中服裝的樣貌，在樂高年會中讓觀者拍案叫絕。

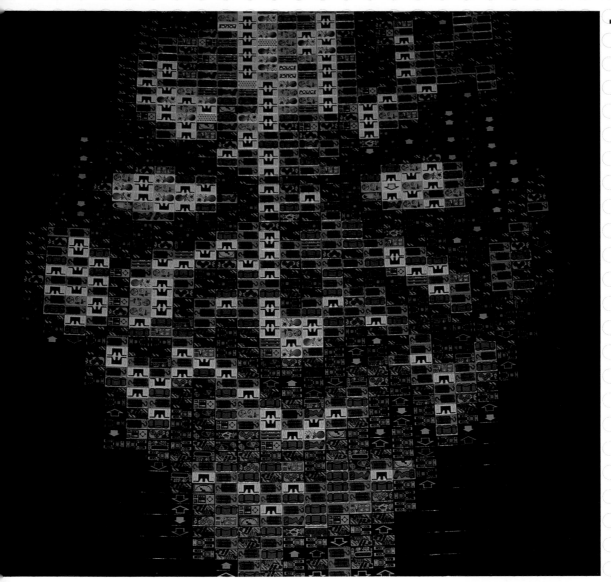

達斯魔馬賽克 (Darth Maul Mosaic)

譯按：Darth Maul，是科幻電影《星際大戰》的其中一個角色。

亞瑟·古吉創作的這幅馬賽克，運用只在樂高某些組合中出現、相當罕見的外觀印刷積木，塑造出獨特的樣貌。第一個創建這種馬賽克的人是艾瑞克·賀許博格 (Eric Harshbarger)，他的作品「女孩」，曾在2004年的「積木慶典」(BrickFest，譯按：美國第一個專為成人樂高玩家而設的年會) 中贏得獎項。這個素材相當具有挑戰性，因為每個樂高組合中只有一兩片這種積木。所以即使有心想挑戰像古吉的這種作品，也很少有玩家能搜集到足夠多的積木。

　　某方面來說，古吉的作品可說代表了企圖重現知名影像的玩家，所面臨的挑戰。甭想做出和本尊一模一樣的圖片了吧！那是不可能的。但用小小的塑膠積木捕捉若隱若現的神韻，可以是一種展現樂高魔力，和玩家技術的明證。

亞瑟·古吉的達斯魔馬賽克，以外觀印刷積木為素材，描繪《星際大戰首部曲：威脅潛伏》(Star Wars: The Phantom Menace，1999年上映) 中的反派角色。

（左）布萊恩·古柏（Brian Cooper）的作品機械酷斯拉，不只是對這隻反派怪獸的禮讚，也展現了大師級的模型技巧。

（右）亨利·林姆為DC漫畫（DC Comics，譯按：是美國的漫畫出版公司，創造了眾多耳熟能詳的漫畫角色，包括超人、蝙蝠俠等。）中的女英雄貓女，用1X1的平板積木，創作了這幅平面宣傳照。

機械酷斯拉

布萊恩·古柏再現的這尊酷斯拉死對頭——機械酷斯拉，不只是外表長得像這個機器人而已。它還具有本尊大部分的特異功能，包括會發光的眼睛、可移動的下巴、旋轉利爪，胸前還有一塊板，打開來就露出裡面的大砲。只差呼吸沒有變成激光束了。

貓女馬賽克

製作平面的模型有許多好處，包括容易運送和展示，更別說用掉的積木要少得多了。除此之外，平面作品也有審美上的優勢。亨利·林姆為《蝙蝠俠：大顯神威》（Batman Returns）片中的貓女角色，創作一幅馬賽克作品；為了表現黑色緊身衣的光澤，他運用多種不同的黑色和灰色積木，從1X1的平板到2X8的積木都有。

Building from
Imagination
5 構築幻想

本書第4篇中的樂高玩家，以重現真實世界中的景象為榮。到頭來，他們的成就還是以模型技巧、還有作品和原版有多相似而定。要是組建一個原版只存在於某人腦中的美麗模型呢？

對於構築幻想來說，任何事都有可能。玩家不需要將模型限制在真實世界中可以找到的東西，也不需要組建出真的可以使用的功能。有些玩家把從電影上、做夢時，或者只是對話時的靈感畫下來。有些人則是將音樂的音量調到最大，抓起一把積木就開始做。另外有些人則採取更有條理的作法，先畫出整支車隊，然後才開始放第一片積木。

蓋‧席柏 (Guy Himber) 的作品「蒐奇櫃」(Cabinet of Curiosities)，表現的是文藝復興時代，人們喜歡蒐集自然界奧妙或奇特之物，放在櫥櫃中的興趣。不過這個櫃子本身是個機器人！

我們可以這麼說，樂高的【城市】系列，內容多半是存在於現實中、於人類有益之物的模型，例如房屋、消防車、醫院等。但樂高集團也沒有忽略更具幻想性的主題。其中兩個最成功、長銷的系列，就是【城堡】系列和【太空】系列。這兩個系列正代表兩種主要的幻想故事線，分別是騎士和巫師，以及科幻。【城堡】系列囊括了可以說是不存在的、及傳說和神話衍生的造物，例如不可或缺的龍、巫師，還有精靈。相對地，【太空】系列則鎖定那些雖不存在、但有可能存在的造物。我們現在雖然無法旅行到其他星球、拜訪外星人，或是在火星上採礦，但有一天這些都是有可能的。

除了長壽之外，這兩個系列還有其獨到之處：雖然產品線在數十年間經過劇烈變化，但玩家還是繼續組建和原始樂高組合中的基本原型相容的模型。

樂高對幻想的禮讚

LEGOs Odes to Imagination

（左）凱文·費德（Kevin Fedde）的惡夢模型，靈感顯然是來自他的幻想。

（下）凱文·費得複雜的「卡若維城堡」（Castle Caravel）模型，呈現【城堡】系列的一貫主題，包含騎士和巫師。

城堡系列

【城堡】系列在1978年，首度推出。該系列的核心主題，是善良與邪惡漫長的對決，背景則是在中世紀，類似傳奇人物亞瑟王的時代。主角是巫師、騎士以及後來出現的矮人，他們和各式各樣的壞蛋、黑暗騎士、巨魔，以及邪惡的巫師對抗。

【城堡】系列和【城市】系列一樣，我們鮮少得知主角的姓名，而且通常只有最重要的種類，才會有特殊的配件。建築物和車船是這系列的亮點，要塞、棚屋、船隻以及攻城器械，吸引目光的效果遠勝於樂高人偶。對玩家來說這也很合理，因為他們在建模型時，需要的結構多於人物。

在這系列家族譜的尾端，「中世紀市場城」（Medieval Market Village）則呈現了【城市】系列和【城堡】系列融合後可能的樣貌。正如【城市】系列以消防車和警察局，讓人窺見典型歐洲生活的一隅；「中世紀市場城」裡描繪了一個充滿馬車、小商店、住宅還有士兵的市鎮廣場樣貌；【城堡】系列常見的主題反而被刻意忽略了。沒有巨魔和亡靈巫師，這座市場城，可以說是一座真實的中世紀小鎮。

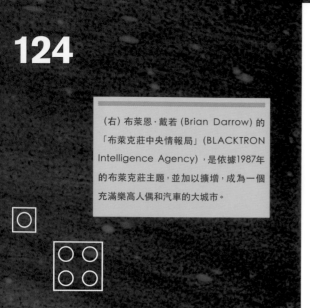

(右) 布萊恩·戴若 (Brian Darrow) 的「布萊克莊中央情報局」(BLACKTRON Intelligence Agency)，是依據1987年的布萊克莊主題，並加以擴增，成為一個充滿樂高人偶和汽車的大城市。

太空系列

【太空】系列和【城堡】系列於同年推出，鎖定科幻方向，並自推出後就大受歡迎。一開始的組合主題都差不多，內容反應真實的太空站情景：球形結構物、月球上用的全地形車，還有火箭。也許這是因為，太空中的發現對當時的人們來說，還是非常新奇，不需要像是外星人或是星際戰艦這類，全然虛構的科幻內容來錦上添花。就如同城堡系列，這些組合可以說只是不同時空下的【城市】系列。

1987年，這個系列因「布萊克莊」的出現，而有劇烈的變化。這個太空系列的經典組合，有著邪氣的外表和模糊的道德觀。【太空】人穿著一身黑，駕駛的太空船取名叫叛徒、入侵者。這組合旋即在玩家間大受歡迎，即使在太空系列推出新主題之後，玩家還是繼續用該組合特有的黑色和黃色風格，打造新模型。其中最為人所知的就是布萊恩·戴若的「布萊克莊中央情報局」。

樂高【太空】系列不斷地演進，也開始出現一些具有創意的想法，包括外星人。例如1997年的「幽浮」，以及1998年的「類昆蟲」（譯按：INSECTOIDS通稱與地球的昆蟲相似的外星生物，常出現於外星人目擊事件和科幻小說中）。

不過整體來說，在以人類為中心的產品線中，這些還是少數的突變。樂高【太空】系列在樂高推出【星際大戰】系列時，因為擔心產品互相排擠而停產。最後一個【太空】系列的組合是2001年推出的「火星世界」，幾年後，樂高集團便是延續這個組合的主題，再度推出【太空】系列。

2007年，一個全新的產品線「火星任務」上市，許多主題和【太空】系列相仿，但是以更武力的角度切入。故事是說一組無辜（但是配備重型武器）的礦工，在火星採礦時遭遇「外星人」攻擊。樂高的行銷人員透過一系列在部落格上的合成照片說故事，由其中一個礦工敘述道：

「這裡已經不一樣了。現在除了開採水晶，我們還要對抗未知的敵人。這些外星人是誰？他們為什麼不喜歡我們？我想這和水晶有些關係——他們不斷地想偷我們找到的水晶「稀克」（sic），對我們這些工人來說，更增添了工作的困難度，當然也更危險了！」轉眼間，全面的戰爭配備就出動了：坦克、雷射，加上戰士。這些火星人是在保衛家園嗎？

或者他們和人類一樣，也是從另一個世界來的入侵者？由於樂高網站沒有提供進一步的資訊，玩家可以天馬行空地想像。

這系列提供了絕佳的多樣性模型，包括流線型的火箭（外星的和人類的都有）、全地形車，以及太空基地。怪異的是，橘色配白色的人類太空船，配有彎曲的管子用來關被俘的外星人。但為什麼抓他們呢？是要用來施以教化，或是用來實驗研究？最大的基地中，甚至有個研究檯，用來研究外星人。而黑色配綠色的外星人船艦，則配有和人類船艦相似的火力，讓人難以理解：除了搞破壞以外，他們的任務是什麼？

「火星任務」雖然不是【太空】系列的產品，但有許多主題和【太空】系列相似，也有相同的科幻角度。2008年，【太空】系列推出「太空警察」組合，並由此正式宣告復出。這系列的背景是設定在未來，當時星際旅行已經很普遍，星際犯罪也四處橫行。衝突在二分的好人和壞人之間展開，武裝的警官乘坐白色的太空船，追逐著黑色的外星壞蛋。

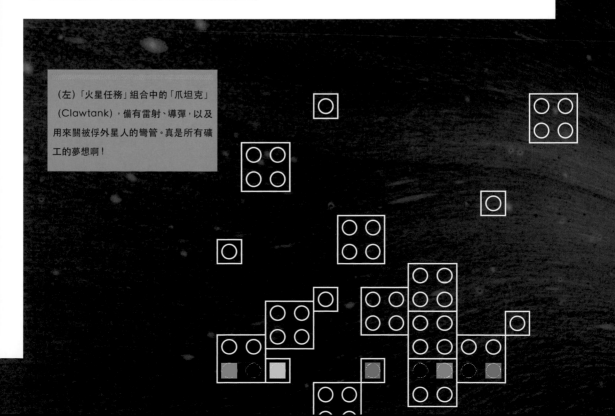

（左）「火星任務」組合中的「爪坦克」（Clawtank），備有雷射、導彈，以及用來關被俘外星人的彎管。真是所有礦工的夢想啊！

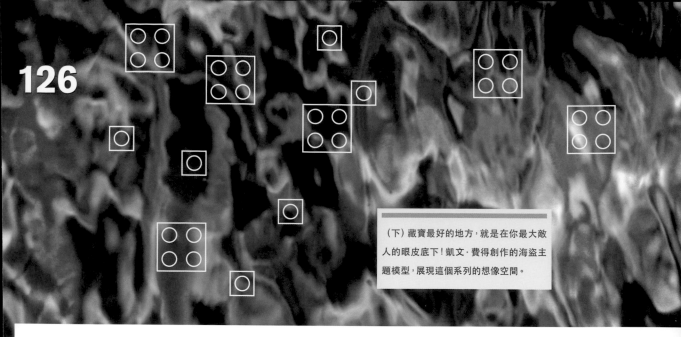

（下）藏寶最好的地方，就是在你最大敵人的眼皮底下！凱文·費得創作的海盜主題模型，展現這個系列的想像空間。

海盜系列

「火星任務」中，善惡之間價值觀難以確認，但一般來說，樂高集團在他們的產品中，努力地讓善惡之間有清楚地分別。英雄絕對不會是不死人或怪物，而壞蛋都會把邪惡標示在身上。

然而，【城堡】系列的子系列：【海盜】，卻有著比一般產品稍微模糊一些的道德觀。大多數樂高的大型組合中，會有一個主角和一個反派主角。例如有若一個警察局，裡面就會有一個被關起來的罪犯、太空人有邪惡的外星人和他們對抗。在【海盜】系列中，可愛但毫無疑問是壞蛋的海盜，成為這個大型精細模型的主角；而他們可憐的對手，隱約像是歐洲殖民地的海軍則鮮少出現，僅驚鴻一瞥地擔任主角的對手。

在2009年推出的大型組合中，有一艘被稱為「方鬍子賞金」（Brickbeard's Bounty）的精細海盜船，上面的海盜正逼迫一位女性（據稱為上將的女兒）走上浮橋。當女孩在波濤上搖搖晃晃地行走時，她的援軍正在和一群海盜，爭奪滿懷的戰利品。有趣的是，這個場景可能是樂高第一次在官方產品中，描繪令人驚恐的行刑場面。

也許是海盜的傳說具有明顯的幻想性質，同時又廣受大眾歡迎，使得樂高可以暫時將產品中一貫的道德準則放一邊。每個人都喜歡海盜，而少了美女被迫走上浮橋的經典場景，也就不那麼令人印象深刻了。

地底和水底

每隔幾年，樂高就會推出一個誠心誠意製作、成果完美，卻不知怎地相當短命的地底或水底主題產品。這個概念看似成熟可以開發：想像一下，有多少圍繞這個主題的精采模型可以發展？潛水機具、圓頂的城市、還有鑽掘機等等。這些組合通常會有很特別的組件，例如大型鑽頭、透明圓球等等，在其他的組合中很難找到。

　　但很不幸地，這些主題沒有一個存活超過一兩年。其中一個原因，可能是這些主題介於幻想和真實之間；大部分的技術都是合理的，或是只有一點點不真實。也或許是缺少故事線或是沒有很酷的主角，以致於不受歡迎。不論原因為何，樂高的「地下」產品線顯然不太成功。（在此書撰寫的同時，樂高正推出新的地下主題組合「大力礦工」（POWER MINERS），以及新的水底主題組合「亞特蘭堤斯」，顯示集團堅持不放棄開發這個領域。）

（上）這輛矮人駕駛的車輛，使用了樂高「大力礦工」組合中的鑽頭組件。

載人機械人
Mecha

打從樂高推出車輛開始,玩家們就高度注目各種載具。一般來說,以真實的車輛居多,例如消防車或警車。然而玩家們也會創作一些現實生活中無法使用的載具,例如載人機械人。這些大到可以由人類駕駛的巨型機械人,在漫畫裡或科幻小說中屢見不鮮。很多人將機械人和日本動漫卡通、電影連結在一起,例如1985年的兒童節目「聖戰士」(Voltron),就是由一群青少年駕駛的獅型機械人。

樂高集團直到1990年代,才嗅到這波機械人熱的商機,並推出【機械人】系列。最初的兩個系列:ROBORIDERS和THROWBOTS,上市僅一年就下架了;但其後推出的【生化戰士】系列,則是近十年來最熱賣長銷的系列。

這個精巧纖細、面目猙獰的節肢動物造型機器人,體現了日本文化的影響,同時避免擬人化造型。

（左）張納南（Nannan Zhang，音譯）創作的優雅的鼎，在小小的模型中，呈現許多精巧的細節。

（左上）安德魯・桑莫吉爾（Andrew Summersgill）的傘兵，是他的機器人大軍中的一支，利用【出力】系列的組件重組而成。

（左下）大型機械人不需要用大型組件構成。這個迷你比例的機械人，只用了很少的組件，就呈現出許多的細節。

出力系列 (EXO-FORCE)

■ （右）【出力】系列的「兩棲救援坦克」可以拆解成3個部分：底部是全地形車、砲台是噴射機，最頂端則安裝了形似昆蟲的無人飛機。

正如同許多其他的樂高主題產品，【出力】系列似乎該有的都有了。這系列提供精細的模型，可以組合成超級機器人，還包含增加趣味性的組件，例如發光組件、變速箱，還有可拆卸的無人飛機。這系列的樂高人偶有顏色鮮明、高聳的髮型，每個都有名字，還有各自的歷史。有小說、漫畫和短片為這些模型說故事，相當類似生化戰士系列。

但這系列顯然還缺少了什麼。玩家們抱怨，這些模型因為不平衡或結構脆弱而不耐玩。同時因為組合複雜，使零售價格較高。不論原因為何，這系列在2008年突然停產，證明了一個產品的成功與否，並不總是和樂高集團投入的資源成正比。

另一方面，樂高集團的另一個機械人產品線【生化戰士】，則找出了一個明確的利基市場。和【出力】系列比較，這兩個系列除了都有大型機械人之外，共同點甚少。生化系列的機械人相較之下簡單、組件較少。而【生化戰士】系列沒有樂高人偶，機械人就是主角。這系列主要的優點也很簡單：模型容易建造，每尊都有獨特的生化外觀，讓人聯想到奇幻藝術家吉格爾的作品。這位藝術家正是1979年的賣座電影《異形》的設計者。

（下）獨特的組件、發展多年的精細故事內容，以及與眾不同的風格，共同造就了一個成功的產品線——【生化戰士】系列。

【生化戰士】的機械人，有會發出熒光的眼睛、大得誇張的武器，也不會輕易解體，耐玩度和傳統的動作型模型有得拼。這系列的組合還有收藏的價值，因為每個組合中，都有一個獨特的面具，吸引玩家購買來收藏，或和其他人交換。

【生化戰士】的故事，敘述正邪之間的戰爭。背景設定在遠古時期，邪惡的天神馬古塔佔領了宇宙。一個勇氣十足的機械人名叫托雅，和馬古塔的打手們陷入激戰。隨著每年新產品的推出，新的傳說加入，故事越來越豐富，甚至可以和其他玩具故事如「特種部隊」、「神奇寶貝」等媲美。生化戰士的故事複雜到，甚至有本書專門敘述它的來龍去脈。這本書叫做《生化戰士百科》(Bionicle Encyclopedia)，作者是葛瑞格‧法須堤 (Greg Farshtey)，內容從每個角色的小檔案、位置，到英雄故事一應俱全，寫給因為故事太過複雜而搞不清楚的粉絲們。

雖然【生化戰士】系列的目標族群，也涵蓋了未成年的少年，但最為突出的生化戰士玩家，非布蘭‧史列吉 (Breann Sledge) 莫屬。因為她太愛這系列了，甚至得了個綽號叫「布蘭戰士」。史列吉熱愛和生化戰士有關的一切，從故事本身到每一個模型。「只要生化戰士有新組合，我一定會買，我喜歡組合它們、和它們玩，直到我對這個組合玩膩了為止。」一旦她玩膩了原始組合，就把模型拆開、重組成較小的版本，並把多餘的組件丟進她的零件箱。「我喜歡這些零件堆疊在一起的樣子。圓形的關節提供了絕佳的銜接，可以組合成幾乎任何你想要的形狀。」

史列吉的創作，之所以與眾不同，是因為她的作品不只是耍弄生化戰士的官方組合而已。她賦予這些組件全新的用法，創造出完全不一樣的新模型；這些模型多半有著兇猛、魔幻、改造的巴洛克式多棘外觀。他們有邪惡的尖刺、刀鋒、爪子，還有其他的好戰元素。

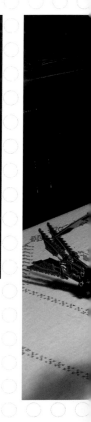

（左）「礦坑天譴」(Pit Scourge) 模型，使用生化戰士系列的組件，展現了布蘭‧史列吉一貫的怪獸美學風格。

（中）史列吉創作的模型，使用【生化戰士】系列組件，但作品和官方版生化戰士機器人，只有些微神似。

（右）史列吉的「生化冰箱」模型讓我們看到，不是所有的生化戰士模型，都非得是怪獸不可！它也可以是怪怪廚房配件。

史列吉創作的「酷刻辣客 (Kukorakh) 龍」模型，展現了【生化戰士】系列組件的多元彈性，以及史列吉的高度模型技巧。由黑、綠、鉻黃色組成，巨大的酷刻辣客，有令人驚恐的金屬利爪、利牙，以及黑色金屬軟管般的肌腱，連接到多刺的翅膀上。這樣的模型，有沒有可能只用標準積木組合而成？顯然不太可能。即便真的可以用標準積木來組合，也必然少了那嶙峋的骨架、猙獰的外表。

史列吉創作的「生化冰箱」，也是個精心製作的模型。邪氣的冰箱門上，附有華麗的細部：如鉻黃色的刀刃，還有白骨般的象牙色突起。一個不懷好意的紅眼，威脅著任何想要從冰箱裡偷食物的人。

史列吉毫不掩飾她對生化戰士的熱愛，但並非每個玩家都有同樣的感覺。首先，這系列明顯的暴力氛圍，就讓有些人覺得不舒服。大多數的樂高模型，都有某種成分的衝突存在，例如火星任務中不同族類的互相征戰。

但在這些組合中，戰鬥從來不是最核心的，模型的焦點大多放在車輛或基地上。大多數的模型組合，只包含一個機器人戰士和他的武器，例如劍、斧、鏈鋸，還有導彈發射器。生化戰士系列雖有一些車輛組合，但完全沒有建築物，而且所有的產品都圍繞著托雅和馬古塔的戰爭故事。

有些玩家質疑，【生化戰士】不算是真正的樂高，這系列的組件和樂高標準積木不相容，也欠缺大多數人心目中樂高最具代表性的螺柱型榫頭。相反地，【生化戰士】系列使用【創意大師】系列的鎖接系統，以強化連接處，讓模型更堅固耐玩。即便如此，許多玩家還是認為，【生化戰士】已經不屬於主流的樂高產品線。

或許這些說法有幾分真實性，但最終，像史列吉這樣的玩家，證明了所有的故事和模型，都不過是個起頭。正如同所有的樂高積木一樣，【生化戰士】系列的潛力，只受限於玩家的想像力。

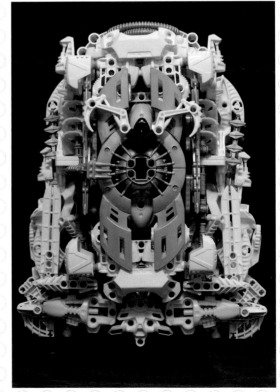

布蘭·史列吉正展示一個生化戰
士模型。

用生化戰士系列創作模型

我組建模型的時候，通常會先在腦中，想出一個我想要的形象，或是用某些特定的顏色，嘗試一種組合技巧。我把組件依照顏色分類蒐藏，以便尋找。我通常一次會花好幾個小時組合模型，一旦我達到精神狂喜的狀態，還會花上更長的時間。我一定從頭部開始，先找出一個基本的架構，讓它活動起來類似頭顱、下頷以及脖子的樣子，然後在上面加上牙齒和臉。之後，我會開始組合脊椎，一路直到尾巴。並將脊椎和身體的堅固部位，如臀部或軀幹連結，並在需要柔軟度的部位保留一些彈性。由脊椎開始建立模型的好處是，可以塑造一個框架，它既可以承受重量，又可以確認組合出的模型比例。

身為一個玩具蒐藏者和愛好者，我對活動型模型組合毫無抵抗力。我會想要再多看到一些連接組件、可以上舉的手臂，還有一些其他的組件，像是重新推出黑色的鎖接關節。我認為此類模型最關鍵的挑戰是，如何確定正確的比例。不良的比例會完全毀了一個生化戰士模型。不論多小心地組合，只要模型比例奇怪，結果還是會不忍卒睹。

有了一個堅固、比例正確的架構之後，我會開始填入身體，並依據架構的基礎顏色，賦予它獨到的色彩。這會讓模型很有質感，我很喜歡這樣。我嘗試使用不同的顏色層已經有一段時間了，但用生化戰士系列要做到是很困難的。

我組建的每個模型都是一個學習的過程。組建大型模型並不容易，有很多的學習曲線，有些學習過程我還在經歷中。

蒸氣龐克：
一股風潮

Steampunk:
Pure Fan

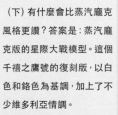
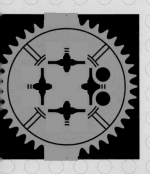

（上）這個華麗的異類，是在機械人的基礎上，混入蒸汽龐克風格。複雜的細節，讓這個模型與其他大型機械人相較之下，顯得鶴立雞群。

（下）有什麼會比蒸汽龐克風格更讚？答案是：蒸汽龐克版的星際大戰模型。這個千禧之鷹號的復刻版，以白色和鉻色為基調，加上了不少維多利亞情調。

這台冒著蒸汽、配備大型槍枝的單輪載具,由一位帶著單邊眼鏡的紳士操控。

「蒸汽龐克」是維多利亞風格和龐克風的混合,純粹是種風潮,亦即樂高從未推出官方版的蒸汽龐克模型。

儒勒·凡爾納 (Jules Verne;譯按:19世紀著名科幻作家,作品包括《海底兩萬哩》、《環遊世界八十天》等) 在他1880年出版的小說《蒸汽之屋》中,首度描述一隻以蒸汽驅動、可以走路的大象,可以說是蒸汽龐克風格的濫觴。其後赫伯特·喬治·威爾斯 (H. G. Wells;譯按:英國小說家。他創作的科幻小說如《時間旅行》、《外星人入侵》等,都是20世紀科幻小說中的主流話題。) 在《世界大戰》一書中,描述外星人乘坐一種可以行走的載具。

蒸汽龐克是一種臆測科幻小說的次流派,也被稱為維多利亞科學,背景是一個從未出現過的歷史年代,其基本假設是:我們現在用來驅動機械的汽油引擎從未被發明,取而代之的是進化版的蒸汽動力機械。結果,創造了許多由先進式蒸汽機驅動的玩意兒,操縱這些機器的,則是帶著高禮帽或單邊眼鏡的十九世紀紳士。這種風潮如此盛行,以致於在真實世界還舉辦了相關活動,例如:「蒸汽大會」(Steamcon convention)、「燒人」(Burning Man) 等,常會吸引許多穿著新維多利亞風格服裝的參加者與會。

樂高玩家兼蒸汽龐克迷——蓋·席柏 (Guy Himber),如此解釋蒸汽龐克風格的吸引力:「在現代的世界中,一切東西看起來都像是大量製造的、或從IKEA買來的商品,而蒸汽龐克對我來說,就有趣多了。」

對蒸汽龐克迷來說,最大的挑戰來自於創造玩家喜愛的、屬於那個時期的細節。許多玩家會從特定的顏色區塊開始。「包括各種棕色、紅棕色、各種灰色,以及大量珍珠光的組件,例如金色和銀色。」席柏說道。但選擇正確的組件也很重要。「我會任意抓取【得寶】、【創意大師】、【生化戰士】還有標準積木來組合。我喜歡選擇其他玩家會忽略,或甚至視為垃圾的組件,將它變成某種有趣的玩意兒。」席柏表示。

煙囪、轉盤、閥輪和排氣口,都是蒸汽機械中重要的組件。同時,裝飾也不可或缺。很多玩家會試著在模型中做出閃亮的黃銅,還有手工打造的木頭渦卷曲線。

不同於組建許多其他種類的樂高模型,蒸汽龐克模型需要做研究。「如果我想做一隻巨大的螃蟹,我需要先在書堆中搜尋,然後用影像軟體做一些比例研究,然後才能真的開始組合。」席柏解釋道。也許機械螃蟹不會出現在維多利亞時代,但玩家會想要做出與該時代相符的建築物、衣著,還有其他的道具。

玩蒸汽龐克有一個最大的誘因,就是可以用該風格重新塑造任何故事。有些玩家把二次世界大中的軸心國軍隊,塑造成維多利亞時期的壞蛋;還有些人重新塑造熱門電影。其中一個最受歡迎的子領域就是「龐克星戰」(SteamWars),亦即把星際大戰的電影元素和蒸汽龐克混合。想像一下,帝國步行機械人載具噴著蒸汽,還配有大型的格林砲和火藥填充砲。或者X翼戰鬥機變成螺旋槳驅動的雙翼飛機。麥特·阿姆斯壯的「蒸汽龐克版千禧之鷹號 (steampunk Millennium Falcon)」,就把這艘經典的太空船,轉化成華麗的白鉻色蒸汽船,再加上颯颯的船帆和一張捕獲鯊魚的網。

蓋·席柏的「發條椰子蟹」模型，
使用出人意表的組件，結合成大
師之作。這些組件來自創意大師、
生化戰士的爪子，天衣無縫地組
成這個模型的外觀。

末日樂高
ApocaLEGO

覆隆武裝並高度防護的軍隊，正腦進勝腐擋，進行著幕幕褫褸資源的探死戰，無視於漫畫的殺戮，小花兒在殘核之間綻放。

蒸汽龐克很瘋狂,但還有什麼比想像天啟更「超過」?雖然世界末日不是一般會在兒童玩具中找到的主題,不過用樂高詮釋這個主題,可以產生許多殊異的場景。

這些末日樂高,通常表現出搖搖欲墜的殘破都市,由軍事化的倖存者居住其間,保衛僅剩的文明,並對抗肆無忌憚的摩托車族、瘋子和殭屍。想當然爾,在玩家創造模型之前,必須先想出世界末日到來的原因:是第三次世界大戰核子武器引爆?機器人崛起?還是全球饑荒?

細節至關重大。創造一個建築看起來像是被砸爛,或是在人行道上做出一個巨大的裂縫,需要高度的技巧。有時一個微妙的細節,像是一隻灰色的烏懶洋洋地看著街上衍生巷戰,就可以讓模型栩栩如生。

最知名的末日樂高玩家之一,凱文‧費得,他在樂高線上社群的暱稱是「赤紅狼(Crimson Wolf)」。他自2008年7月開始,在網路上分享他的作品,因其精巧雅緻而迅即備受注目。

「我最喜歡在模型中加進那種,沒有人會想到的細節。」費得解釋道:「例如在沙漠正中央有個消防拴,或是爆炸坑中有朵粉紅色的小花。」

費得的末日樂高模型,展現了他認真的想法及創造力。模型令人激賞的細節,暗示了在眼前的這場衝突背後,還有更多的故事。其中一個模型中,在臨時搭建的風力渦輪機和太陽能板旁邊,有老舊的街道標示和被砸爛的巴士。傾頹的銀行拱門和雕像,訴說著往日的宏偉,但亡命之徒對它們視而不見。同時間,一個防衛者正蹲在雷管旁,等待啟動詭雷的最佳時機。

如果我們的星球最終章是世界末日,而將這巨大災難視覺化,顯然就是想像力的結語。

LEGO Art

6 樂高藝術

大多數人都不知道，該如何定義藝術。想像一下，一個滿腹疑問的參觀者，覷眼看著馬克·羅斯科（譯按：Mark Rothko，拉脫維亞出生的美國畫家，作品被視為抽象表現主義典範。）的作品，一邊喃喃自語道：「這種畫，小孩子也畫得出來⋯⋯」，並且心生懷疑：這怎麼會進入美術館展覽？從何時開始，塗塗抹抹，也可以掛在畫廊的牆上了？更切題的問題是，一堆樂高積木的組合，可以被歸類為藝術嗎？

你也許立刻會認為不行，因為樂高是兒童玩具。當然，它不可能和梵谷的油畫，或是亨利·摩爾（Henry Moore）的雕塑相比。它和兒童拼寫玩具一樣，是不可能成為藝術傑作的，不是嗎？

但那也許正在改變。近十年來，許多藝術家開始涉入樂高藝術。有些人用樂高當做雕塑媒材，其他人則用更為傳統的方式，描繪樂高的形象。有件事我們可以確定，就是樂高已經進入了美術館和藝廊，而且顯然近期之內還不會離開。

歐拉福·愛利阿森的集體創作專案

Olafur Eliasson's Collectivity Project

如果說，樂高的藝術內涵，是來自於組建模型的行為，而非結果？

2005年，裝置藝術家歐拉福·愛利阿森抵達阿爾巴尼亞的地拉那 (Tirana)。他旋即在市鎮廣場成立工作站，並在相連的長條桌面上，倒出3噸的白色樂高積木。整整10天，他邀請路人，一起來玩積木，並組建出他們心目中未來的地拉那。他把這個計畫稱為「集體創作專案」。

阿爾巴尼亞是歐洲第二窮國，因為長達50年的共黨專政壓迫，而與國際社會脫節。直到1990年，國民才取得民主自由，得以組成反對黨。尤有甚者，國家基礎建設已殘破不堪，政府當局貪腐成性。阿爾巴尼亞亟需協助，以走出一條道路。

「能夠透過以空間為基礎的過程，開放地思考、並架構你的想法，是種用以理解並定義個人身分的重要面向。」愛利阿森在他的作品陳述中寫道。他用白色的樂高模擬地拉那居民的日常過程，並將他們想要的、融入其中的社會，透過樂高加以視覺化。

學童、計程車司機以及退休人士，都聚集在樂高桌邊玩積木，組合各種建築、修改它們，並拆掉它們。「融合過去與現在，隱喻式地重啟談判，關於你正位於何處、以及身為個體的你是誰。這些問題經由開闊地意識到你周圍的環境，可以得到解析。」愛利阿森的敘述繼續道。換句話說，如果你用樂高組建了一座塔，那直到有人把它拆掉為止，它都會一直留在那兒。如果你拆掉了鄰居的模型，那他就得重新組合。

愛利阿森（最具知名度的作品為2008年的『紐約瀑布』〔New York Waterfalls〕，還有2003年倫敦泰坦美術館〔Tate Modern〕展出、廣受歡迎的『天氣專案』〔New York Waterfalls〕）擅長環境藝術，讓美術館的觀眾感受詭異的室內落日、以及漂浮的瀑布。愛利阿森希望參觀者不只是觀察藝術，而是成為藝術的一部分、感知藝術的過程。在『集體創作專案』中，最終的模型並非藝術──組建模型的過程才是。

何者為藝術，由誰決定？

當樂高進入藝廊，對於那些認為它並不屬於那兒的參觀者來說，自然會引起一些反應。相反地，本章所提及的藝術家顯然不這麼認為。那麼，誰才是對的？

不幸的是，這個問題不容易回答。幾世紀以來，學者對於藝術的定義爭論不休，直到今日依舊如此。不過大多數的理論家認為，藝術有3個標準：形式、內涵以及文本。明尼蘇達大學哲學教授，同時也是樂高迷的羅伊·庫克 (Roy Cook)，曾寫過一篇相關論文*，闡明依此定義，樂高絕對可以被稱為藝術。他的論點立基如下：

形式：依據庫克的論文，形式是指媒材以及掌握這種媒材的技巧。作品一般必須展現高度的技巧，始能被視為藝術。自然地，有很多模型展現了高度的技藝。正如同所有具有難度的媒材一般，必然有些超群作品成為典範。

內涵：是指該作品表現的想法，或是背後傳達的意義。作品背後必須有某種想法，即便這個意義隱晦到只有藝術家本人能掌握。內涵是被賦予的：如果藝術家渴望用樂高模型作為陳述工具，那當然沒有問題。

文本：指的是作品所在地的文化、或是藝術傳統。安迪·沃荷 (Andy Warhol) 的濃湯罐若少了普普藝術的文本，也許不會被認為是藝術。如同庫克指出的，目前沒有廣泛圍繞著樂高的藝術傳統。正如同在18世紀時小說被視為垃圾、漫畫如今還在爭取正統地位，樂高也缺乏被認為是正規藝術所需的認同。即便如此，也不代表樂高就不能是藝術，不過是欠缺一個收藏正式、被認可的樂高模型的常設機構，好讓模型可以被正式陳列。

*論文見：http://www.twinlug.com/2009/02/commentary-legoas-art/

道格拉斯·柯普蘭對時間及樂高的思索

Douglas Coupland Ponders Time and LEGO

同愛利阿森一般，身兼作家和藝術家的道格拉斯·柯普蘭，也認為樂高不只是模型媒材而已。樂高積木作為一種文化符碼，具有象徵性的本質。在2005年於多倫多蒙特克拉克藝廊展出的「我喜歡未來，未來喜歡我」（I Like the Future and the Future Likes Me）的展覽中，柯普蘭展出許多件作品，其中包含：一件女性化的太空裝、放在一堆拉麵塊上的隕石，以及樂高星際大戰模型的照片。

道格拉斯·柯普蘭在2005年的展覽中，探索過去與未來的交集。

柯普蘭的展覽作品，奠基於「理想未來主義」，並加以轉化。其中一件作品「尿尿巡航艦」（Piss Cruiser），內容是一架樂高星際大戰中的X翼戰機，嵌在一坨類似琥珀的物質中，象徵「建築空間的損壞形式」（a corrupted form of architectural space），以及「一塊從不曾存在的未來化石」（a fossil of a future that never existed to begin with）——他的展出說明中如此寫道：「對我們的子孫展示：我們對於未來的幻想、關於時間及空間、宇宙、史詩般壯麗的星際大戰時代。」

但柯普蘭為何不採用更經典的星際大戰電影中的戰機，而是採用樂高？柯普蘭似乎認同樂高身為一種建構工具，是一種可以用來描繪我們的幻想或希望的媒材。在過去，這很有可能被描繪為雷射槍或太空梭，然而在現在，我們的眼光——還有設計——改變了。他用樂高模型這種若是擺在小朋友的架子上，一個星期之內就會四分五裂的短暫建構物，擁抱我們「預測」未來的能力。

AME72
的樂高
塗鴉藝術
AME72's LEGO Graffiti

如果把樂高的經典圖像，抽離了原本的意涵，會發生甚麼事？直接從樂高積木盒拿出來拼裝的成品，當然不能稱之為藝術，但若是用油畫或是雕塑創造的樂高積木，能否稱之為藝術呢？

大多數人在一生中，總有段時間玩過樂高積木，它的圖像觸動你我的心弦，也因此讓樂高具有某種特別的文化地位。以色列台拉維夫有位塗鴉藝術家AME72，就以樂高積木入畫，其出色的作品不僅在街頭以塗鴉形式出現，也堂皇登上藝廊展出。

這位藝術家原名是傑米‧阿密（Jamie Ame），他描繪的樂高人偶正是他自己的化身。這些脫掉標籤的人偶們，開心地偏著頭，手拿噴漆罐。被同行稱為「樂高兄」（the LEGO Guy）的阿密，作品中用樂高人偶象徵無邪的童年。對他來說，樂高人偶的快樂臉龐，可以喚起童年玩具帶來的純真和歡樂。阿密在一次訪談中提到：「童年時，人們不用擔心房貸或失業。大部份我畫的樂高人偶，都代表內心深處的那個孩子，心中只想著大玩特玩。」他的塗鴉中訴求的是，一種彼得潘式的感傷。

對像AME72這樣的藝術家來說，樂高積木和樂高人偶既是象徵，也是創作對象。

伊果·李奧納多將自己化身為樂高人偶，置身於紐約文化的情境中。

伊果·李奧納多
Ego Leonard

荷蘭畫家伊果·李奧納多不單只是畫畫樂高人偶而已，他還借用了人偶的身分。這位莫測高深的藝術家，真實姓名和身分成謎，他宣稱自己是來自「虛擬世界」的樂高人偶；但對於那些執意探討這個幻想的問題，他則完全不予理會。

「我的名字是伊果·李奧納多，對你們來說，我是從虛擬世界來的。」他在官網上如此宣稱：「對我來說，那個世界是快樂、團結的、滿眼青翠、花開處處，既沒有規定也沒有限制。」

2007年，一場精心規劃的惡作劇，使得李奧納多聲名大噪。當時位於荷蘭贊德沃特 (Zandvort) 的一處度假村的泳客，發現了一座8英呎高的樂高人偶漂浮在近海上，身上還寫著一句破英文：「不比你真實 (No Real Then You Are)」。這些泳客把它拖上岸，放在點心吧旁邊。記者們狂熱地報導這座神祕的塑像，最後還登上了國際媒體版面。

這座巨大人偶最終放置在一家藝廊的門面，宣傳李奧納多的作品展。他的作品描繪他自己（以樂高公仔為外型）探索這世界，面對這世界的偽善和矛盾。他大部分的作品以美國為主題，充滿九一一事件發生後的批判氛圍。例如在作品「吹牛」(Bragging) 中，樂高人偶站在一台悍馬車旁邊，胸前寫著：「是真的就不是吹牛」 (It's not bragging if it's true)。另外一幅作品中，穿著格子呢襯衫、頭戴牛仔帽的人偶，被綁在鑽油管上。還有一幅作品中，人偶變成了紐約市警察，正在告誡溫順的市民：「請在此等候進一步的通知」(wait here for further announcements)。

同時，巨型人偶也不忘繼續搞怪。2008年10月，它被沖上英國的布列頓海岸 (Brighton)，循贊德沃特的模式，隨後出現在倫敦的藝廊中展出。

訪問
伊果·李奧納多

在你的作品「自負」（Conceit）中，描繪一個樂高人偶牛仔，被綁在鑽油管上。為何你在作品中使用樂高人偶代替人？

這些藝術作品，是用來傳達人們一般是怎麼想的。人們在隊伍中前進，有一樣的感受。玩著小型樂高人偶的人們的激動心情。我的作品是受到人們啟發。

對於樂高人偶黃色的、雌雄莫辯的外表，你有何感想？這樣能抹去種族和性別的差異嗎？最近的設計，例如用接近真實膚色的顏色，或是為女性人偶加上口紅，這些作法會不會讓人偶失去原本的外表一致性？

黃色只是一種顏色，只要玩得開心就好，我和每個人都這麼說。

談談最近大型人偶漂浮在近海上的事。這件事成為歐洲的新聞，在某種程度上甚至可以說是國際新聞。這件事如何解釋？是宣傳？或是行動藝術？

這始終是最大的謎。

談談寫在人偶身上的這句話：「不比你真實（No real then you are）」

「不比你真實」這句話，企圖對每個在虛擬世界的人提出一個問題：大型樂高人偶出現在這世界上，不就等同於一般人出現在虛擬世界？

這個人偶現在在何處？

我現在在荷蘭。荷蘭人很好，心態開放。我也受到很多來自海外的邀約，所以也許今年稍後我會旅行到其他國家。如果你想讓我傳達的訊息更強而有力，千萬不要把我當成只是個人偶。

納善・沙瓦亞
的積木藝術

Nathan Sawaya's
The Art of the Brick

沙瓦亞以其具有開創性的展覽，雖然不是首度有藝術指涉樂高，卻確立了樂高身為正式媒材的地位。

「高知名度」藝術家如柯普蘭、愛利阿森以樂高融入創作中，掀起風潮。但若說，有誰將樂高媒材本身的藝術性更往前推進，除了納善·沙瓦亞不做第二人想。沙瓦亞說服蘭開斯特美術館，讓他展出「積木藝術」個展，這也成為首度在博物館展出，純粹樂高作品的展覽。

這場展覽於2007年開幕，旋即應邀在伊利諾州、威斯康辛州、康乃迪克州和佛羅里達州展出。「積木藝術」自開幕以來，便在現代美術館、畫廊、購物中心和摩天大樓的大廳，持續展出至今。

沙瓦亞原本是律師，如今是樂高專業積木大師（LEGO Certified Professional），以樂高積木為專職，為富裕的客戶打造他們個人或產品的樂高塑像。他為2005年的西雅圖船舶展，打造一艘比例為一比二的Chris-Craft快艇（譯按：Chris-Craf為美國造船廠），也和開利冷氣合作，製作一台可用的冷氣機。Neiman Marcus's（譯按：美國精品百貨公司）的2008年型錄上，一件沙瓦亞的作品標價6萬美金。他的作品甚至出現在「極限大改造─居家篇」(Extreme Makeover:Home Edition，譯註：美國真人實境節目) 和「科柏特報告」(The Colbert Report，譯按：美國深夜諷刺娛樂節目) 中。

「積木藝術」有別於這些為商業製作的作品，也和一般嗜好玩家的作品不同。

沒有橋樑或是辦公大樓的模型。展出的內容包括超現實的雕像，沒有五官、單調的人形，從箱子裡爬出來或從地板下冒出來；如駱馬般大、孤零零的手；人像馬賽克，以及抽象的幾何形體。樂高不僅僅是展覽的一部分，它就是這個展覽本身。

即便有些人認為這是一種手法，但無可否認地，「積木藝術」讓我們正視一個概念，亦即樂高積木可以是種正式的藝術媒介。有些積木藝術家成功地敲開藝廊的大門，但沒有人像沙瓦亞這樣，獲得正統、主流的重視。

本章敘述的所有藝術家，都認同樂高因為背後的文化資產而耐人尋味。「我也曾使用較傳統的媒材，如鋼絲和黏土雕塑，但我喜歡用樂高創作，因為它使人們和我的作品產生某種關連。大多數人家中都沒有石板或大理石，但他們某種程度都玩過樂高積木。他們對這種玩有種親切感，也會對樂高可以做成這樣感到驚奇。」沙瓦亞在一次訪問中說道。

當觀賞者見到一幅莫內作品時，感覺似乎遙不可及，但我們卻對以樂高積木拼成的馬賽克或雕塑產生親切感。因為我們可以把它拆開來，一塊塊檢視。沙瓦亞使用樂高標準積木，並避免使用奇怪形狀或是不常見的組件，以刻意強化這種感覺。他希望來到美術館的參觀者，看到他們自小玩大的2×4積木。

形而上的建築
Sublime Building

技巧高超的樂高模型，和藝術之間的界線何在？醫學院學生張納南（音譯）將具體的建築構件，組合成如同達利、馬克·恩尼斯等超現實主義大師畫中的場景。在《積木天地》雜誌的訪問中，當被問及當初創作的動機時，他提到這種他最熟悉的媒材：樂高，讓他得以釋放夢和創意。「這是我表現想法、抒發情感的方式，呈現我的夢境和我的視界。」他表示：「透過超現實主義，我可以自由地創造出任何東西，看起來越不合理，就越正確。」

張創造出灰暗、折磨、暴力的場景，例如積木版「耶羅尼米斯·伯斯的噩夢」。（Hieronymus Bosch's nightmares；譯按：15世紀荷蘭畫家，作品描繪罪惡與人類道德沈淪）「夢中哭喊」（Cry of Dreams）則描繪一個灰暗的未來城市，居民由外表一致、神情木然的人型組成，呈現多重恐怖景象。其中一個人站在懸崖邊，準備奮力一躍，同時間另一個人則失足跌落，成為赤紅色蠍子的獵物，一堆觸鬚將人偶拖入另一個厄運中。「扭曲」（Distortion）則是由許多複雜的連鎖螺旋梯組成，由不知名生物的觸手盤據其上。

張的創作中，隱含了多種象徵，每個細節都可以被深入解析。他承認自己的創作結合了個人和世界共通的象徵圖像，使得對他作品的評析更加困難。事實上，他作品中的超現實主題是偶然出現的。在《積木天地》的採訪中他表示：「當時我試著要組合出一個樓梯，最後卻變成了很多組階梯纏繞成結。」從此，他開始不斷深入嘗試，最終發展成一整組他稱為「黑色幻想」（Black Fantasy）的系列，其中一件作品中，如同機械蜘蛛的醜惡機械成群結隊，除了鮮橘色突出的眼睛之外，全身都是漆黑的。

也許張納南不被藝術界正式認同，樂高積木也不像油彩般被視為藝術媒介，但他以完美的積木組合出無懈可擊的作品，是否可以稱之為精彩的藝術，值得深入討論。

當樂高積木經過精心的設計組合，是否成為了藝術？

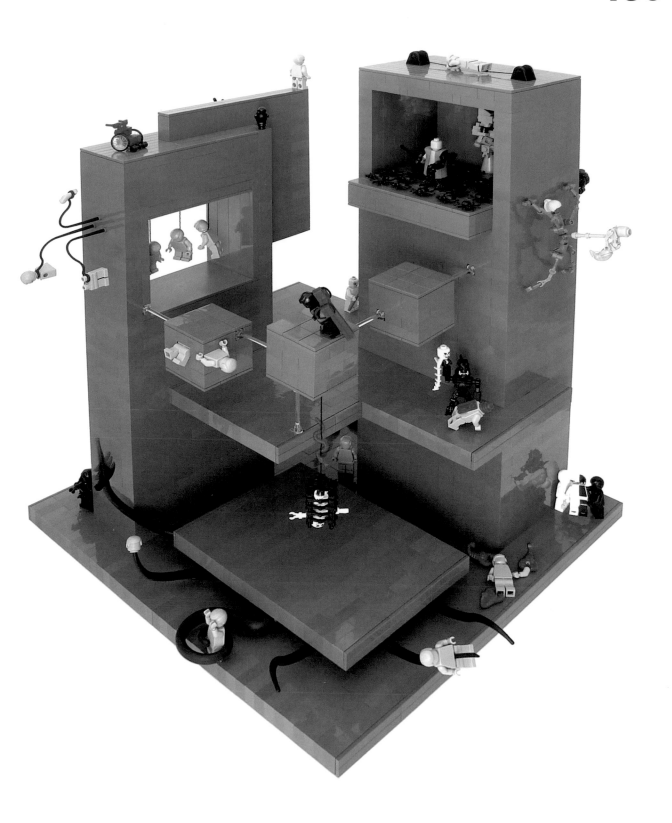

茲比格涅夫·利伯拉的樂高集中營

Zbigniew Libera's LEGO Concentration Camp

茲比格涅夫·利伯拉的假樂高組合，將孩童玩具的純真，與種族屠殺的恐怖結合在一起。

不管怎麼使用，玩弄樂高的藝術家們，都無法改變樂高是個「玩具」的事實。因此當它的純真被用來描繪某種恐怖的東西，就會引起令人側目的效果。

　　波蘭藝術家茲比格涅夫・利伯拉的作品，即是一例。他最著名作品「集中營」，是一組假的樂高組合，裡面是令人震驚的產品：納粹集中營。他的假組合中，表現了死亡集中營的種種陰森面象。其中一個組合有灰色的方形長屋，由黑漆漆的陰險警衛看守。另一個包裝盒上，則呈現骨瘦如柴的囚犯們（他使用城堡系列的亡靈人偶），從鐵絲網後，空茫地瞪視前方。還有組合呈現一個人偶被吊在絞刑架上、或是俘虜們被揮舞著電探針、骷髏頭臉的醫生折磨。成群的俘虜，拖著屍體前往火葬場，其他的受害者則被埋進大型墳坑。這些組合包裝上，還有肖似的樂高標誌，例如警告標示、商標，以及標明樂高贊助此藝術的文字說明。（樂高確實提供了這些積木。）

This work of
Zbigniew Libera
has been
sponsored by

LEGO SYSTEM

6773

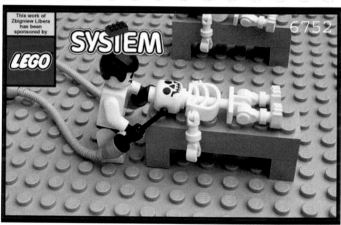

從一開始,「集中營」就引起軒然大波,觀眾分成兩派,有些認為這是個嚴肅的作品,有些人認為這不過是一種嘲諷。用兒童玩具描繪種族屠殺,讓觀眾覺得不舒服。有些關心大屠殺的人士認為,這項作品是輕視倖存者的經歷,但有些人則持相反意見。紐約猶太博物館曾於2002年,一場「當代藝術中的納粹形象」(Nazi imagery in modern art) 展覽中,展出這些組合。

連樂高集團都加入撻伐的行列。他們抱怨,利伯拉在樂高公司贊助他積木時,並未告知公司他的意圖。同時,提供積木也並不構成,組合包裝上所暗示的贊助關係。樂高試著讓利伯拉停止展出這項作品,一直不斷施壓,直到這位藝術家雇用了一位律師為止。

1997年,利伯拉獲邀參加維也納雙年展,這個有百年歷史的當代藝術展,被公認為是世界上最負盛名的藝術展之一。然而,邀請函中要求他不得展出「集中營」作品。這讓他陷入兩難。

一方面,這個雙年展是世界最重要的藝術展之一,可以參加將是一大榮耀。但是利伯拉,這個曾經因為畫共產主義領袖的諷刺漫畫,而在冷戰時代銀鐺入獄一年的藝術家,發自內心地反對檢查制度。經過一夜無眠,他決定,如果他不能自行決定要展出任一項作品,那麼他就不參加雙年展。

Telling Stories
7 用樂高說故事

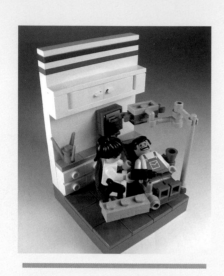

尼爾森老爹在袖珍模型的小範圍中說故事。

在第6篇中，我們看見了藝術家們如何使用樂高作為媒介，傳達他們的想像力。雖然大多數的玩家並不奢望登上藝術殿堂，但他們做的事是一樣的：他們想像某些東西，然後用樂高創造他們心中的畫面。這些模型很多都沒有特殊的意義。當你組建一棟房子的模型，它不見得一定要是老爺爺搖搖欲墜的維多利亞式房屋、還有個鬼住在閣樓裡，它大可以就只是個房子。但有些玩家用樂高創作的作品，已經超過單純的物件。他們希望創作的模型是可以激發情感的、可以回溯一段傳奇，或是激發觀眾想像，在眼前的模型定格畫面之前、或是之後發生什麼事。簡單地來說，他們想用樂高說故事。

袖珍模型 Vignettes

1. 有些袖珍模型在尺寸上動了點手腳。圖中這個袖珍模型訴說一個絕妙的故事，同時尺寸也超出傳統的範圍一些些。

2. 一張地圖的2份拷貝，讓2個尋寶人戲劇化地相遇。

3. 這個模型呈現經典的袖珍模型元素：8×8的尺寸，以及一個故事。

4. 這個袖珍模型使用了一種稱為MOC Box的技巧，把整個模型放進一個透明的小盒子中。

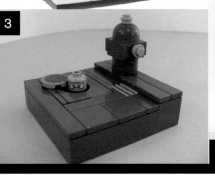

最優雅地用樂高說故事的方式，也許就是袖珍模型了。這些迷你的樂高模型，呈現戲劇化的吉光片羽。

袖珍模型最早在日本出現，幾年內旋即風靡世界各地的成人玩家，並於2004年9月首度出現在「積木櫃」（Brickshelf）網站上。

袖珍模型的地坪，約莫是6個螺柱長寬，或是8個螺柱長寬的正方形。玩家在這個面積上，創造一個戲劇場景，或是人生片段。就這個面向看來，袖珍模型很類似單格漫畫。但就如同所有的模型潛規則一樣，要不要遵守純粹是個人選擇。有些玩家奉6×6或8×8的尺寸為圭臬，有些人則雖然遵照這個地基面積，但讓模型的一部分略微超出這個尺寸。

袖珍模型的用意，是讓每個人都能輕鬆地創作一個場景。小尺寸意味著容易找到所需的組件，也容易攜帶展示。不過，袖珍模型最難的部分在於要說一個故事，本身就需要一定量的積木。在彼得‧列萬多斯基（Peter Lewandowski）的袖珍模型中（上圖2），兩個尋寶競爭者抵達一個地上標有大大的紅色X記號的地點，秀出手上一模一樣的地圖。

雖然袖珍模型的基地面積有規範，但高度則沒有限制，所以很多袖珍模型分好幾層，常見於高塔、懸崖、深邃洞穴或海底的模型。在尼爾森老爹（Big Daddy Nelson）的模型中（上圖4），兩層樓公寓的樓上有個年輕人在練習電吉他，樓下則有一個老太太正在用掃帚敲天花板。

很多袖珍模型，內容基本上就是幽默的。有一系列的作品是改編自蓋瑞‧拉森（Gary Larson，譯按：美國單格漫畫家，作品曾於報紙上連載長達15年）的漫畫，還有一系列是「衰喬伊」（misadventures of Joe Vig）的不幸遭遇，衰喬伊是個倒楣的樂高人偶，什麼不幸都會發生在他頭上。有些袖珍模型則是呈現歷史場景，捕捉著名歷史上的一刻。還有些袖珍模型是玩家為了自己、或是為了樂高主題所創作的，例如太空人、騎士，或是恐怖的主題。

背景說明
Back Stories

有時玩家們想像出的故事，僅存在於他們的腦中，作為組建模型時的靈感來源。但有時這些故事變得舉足輕重，讓他們覺得非得把它寫出來不可。

亞卓安·佛羅拉 (Adrian Florea) 創作了一個漂浮城堡模型，他覺得有必要向觀眾解釋為何這個城堡可以存在。他在說明中寫道：「『浮拉巴那利斯青金石』(Lapis volat banalis) 是一種石頭，當石頭裡所有的水份都乾了，它就可以漂浮。」。

有些玩家認為，背景故事是作品不可分割的一部分，為作品添加無法在模型中呈現的，更深層細節和可信度。玩家可能只是提供這些想像作品的技術性細節，例如說明這個巨型機械人配備的槍是哪一種。

（上）「冰星球」的發現，至今已經15年了，探險家們漸漸了解到，他們尚未充分準備好面對這星球上的各種危險。

（下）這台載具可以在各種險惡地形上行駛，在不平的地面上也可以採取射擊位置，並使平台維持水平。安裝在滑軌上的大砲可以輕易地360度旋轉，停下來時更可以射擊遠方的目標。

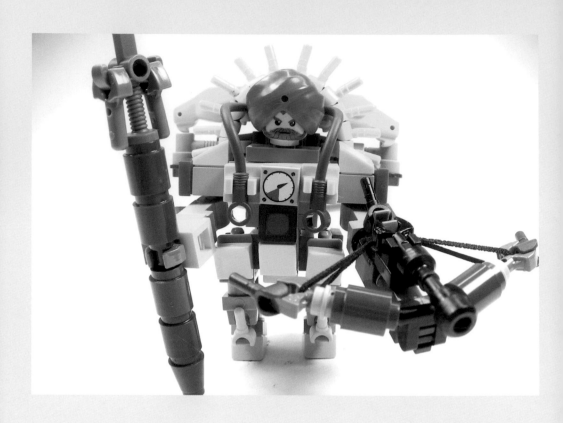

在遙遠的未來,為了解悶而發展出的極限運動很多,例如洞穴競賽、機械人競賽、機甲競賽等。在全球各地,人們穿著堅甲在各種錦標賽、淘汰賽中彼此競爭。

博·唐南 (Beau Donnan) 描述了他的蒸汽龐克作品「八爪車」(OctoWalker),說明它如果出現在真實環境中,可能會有的缺陷是:「速度慢且容易支離破碎。」另外,凱文·費德 (Kevin Fedde) 想像的「超人堅甲」(Ubermann Hard-suit),是一種未來運動的裝備,到了那個年代一般的運動都已經不夠看了。其他玩家則用說明來為塑膠模型增加感情。當你讀了唐·瑞茲 (Don Reitz) 創作的神祕黑色蜘蛛機器人的背景說明:「無所不在、永不休息、隨時尋找遠方令人難以置信的目標。」——看起來就不那麼可愛了。

無論背景說明的動機是什麼,對沉迷於創意創作的玩家來說,背景說明之於作品的重要性,和組合一片片的積木是相當的。

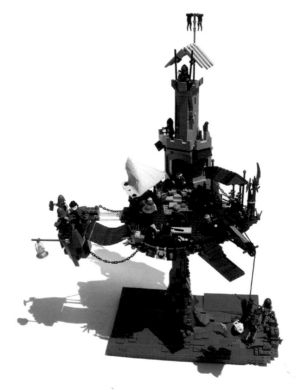

（上）它們成群結隊地遊盪、漫無目標、
數量難以計算，在末日來臨、飽受摧殘、
地獄般的大地上昂首闊步；用他們永不
停止、單調的行進聲響，折磨倖存者的神
智。

（下）具有戰略地位的「納奪角」
（Nedleh point），在40年前被發現，位
於兩個最大的帝國和石頭城的交叉路上，
並危險地鄰近妖怪所佔據的地區。

漫畫 Comics

有些玩家說故事的方式，是先組合起模型，然後加以解釋；而有些人則是相反：是先寫好故事，再用樂高模型加以圖像化。替樂高人偶或是小型場景拍張照，然後加上對話框，就是個故事了。拜一些簡易設計軟體如ComicLife所賜，再怎麼和藝術沾不上邊的玩家，也可以輕鬆上手。

諷刺的是，許多這類的漫畫和複雜的樂高作品無關，只呈現相當簡單的模型。對這些玩家來說，樂高人偶提供了所有編織故事所需要的靈感。容易上手這點，也帶來一個優勢：不需要投入太多時間和精力就可以完成。通常整篇漫畫可以用一個場景模型來敘述，只要改變人偶的位置就大致完成所需的變化了。

相反地，進階者或是更具有野心的玩家，會在漫畫上花更多的心力，針對每格的背景，投入和遵循傳統的玩家一樣多的心力。僅僅在一格漫畫中出現的物件，他們就會花上好幾天的時間設計和組裝，更會整統整桶地買特殊組件，就為了完成一個小效果。

以下是樂高漫畫的一些例子。

戰爭英雄（Grunts）

作者：

安德魯·桑莫吉爾（Andrew Summersgill，邪惡醫師!!）

網址：

http://www.tabletownonline. com/grunts.php

安德魯·桑莫吉爾的「戰爭英雄」，敘述軍隊裡的日常生活故事。這群士兵隸屬於第44步兵師、第「一」營、「易」連、貝克排長轄下，駐紮在作者幻想的樂高城市「桌城」（Tabletown）中。桑莫吉爾從他的正職工作中取得靈感，他是《搖椅將軍》(Armchair General) 雜誌的戰爭歷史編輯，這本期刊的內容為軍事遊戲。

　　「戰爭英雄」讀起來有點像是「大兵貝利」（譯按：Beetle Bailey meets G.I. Joe，美國漫畫家莫特·沃克 (Mort Walker) 所繪的連載漫畫，以美國軍隊為主題）和「特種部隊」遊戲漫畫的綜合體。桑莫吉爾的這齣漫畫，用幽默風趣的方式，呈現軍隊中的單調苦悶，和槍林彈雨的生活。其中有一篇描繪在戰火中、趴在地上的的士兵們，他們正在爭論「彈夾」(drudgery) 和「彈匣」(danger) 是不是同義詞。另一篇的內容，則是有人聽到新聞報導：桌城的海軍採購了兩艘新的超級航空母艦，因此軍隊會配給滑板，以取代吉普車和坦克。如同其他的樂高網路漫畫一般，「戰爭英雄」偶爾也會跳tone一下，描述桌城的中世紀歷史，或是這個城市的惡魔領主：邪惡醫師。

　　桑莫吉爾的作品水準讓大多數業餘者望其項背，他的作品集結為一本64頁的單行本出版，並將所得捐贈予一間軍事歷史博物館。

德瑞克·阿曼的「太空怪咖」有個單純的前提：這是個脫口秀、主持人是阿曼的分身——瑞德史東隊長 (Captain Redstorm)，來賓則是樂高迷或是各種幻想角色。有時候他們會討論玩家關心的主題，例如蒸汽龐克或是袖珍模型；有些時候他們則談論更深奧——有些人會認為是荒誕的——主題。有篇漫畫中，樂高人偶版的遊樂器主角瑪利歐，和他的敵人壞利歐，在瑞德史東的桌子旁扭打。另一篇中，瑞德史東被吸出脫口秀的場景，發現他自己來到現代 (脫口秀的背景設定為未來)，他得設法回到他的時代。一般來說，4頁一篇的阿曼漫畫，早在結尾之前，很快地就會變得相當愚蠢。

太空怪咖 (Nerds in Space)

作者：

德瑞克·阿曼 (Derek Almen)

網站：

http://www.tinyurl.com/nerdsinspace/

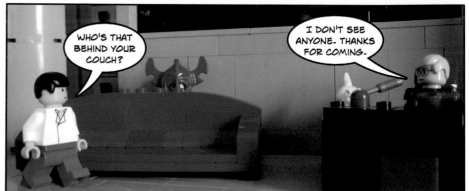

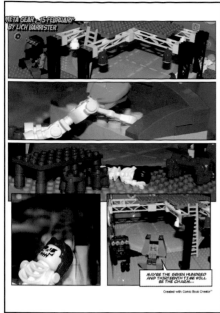

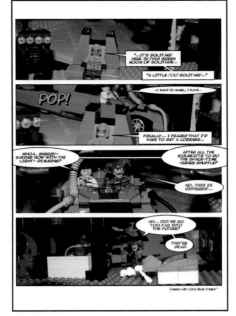

梅塔吉爾
（Meta Gear）

作者：
李契・巴瑞斯特 (Lich Barrister)

網站：
http://www.tinyurl.com/metagear/

　　自稱為李契・巴瑞斯特的這位教師，是個老練的樂高漫畫創作者，之前的成名作品是「活動行事曆」(Advent Calendar) 漫畫，裡面耍弄樂高的各種節日組合。在「梅塔吉爾」中，他採用另一種角度，刻意喚起一種文學的朦朧，以多重故事線描述以「時間產生祕書處」(Time-Genre Secretariat) 為主軸的各種情節。這個單位專事「製造秩序」(genre policing)。作者說明道：「這裡沒有戲劇、沒有改變，也沒有創新。正常狀況下，在故事中埋下伏筆是有必要的，然而一旦伏筆成為常態，就沒有此必要了。」

　　從一開始，巴瑞斯特就想創造一個複雜的故事。當他的作品受到漫畫這種形式必然產生的限制時，他於是引進了一位主角加以輔助，即「闡明隊長」(Captain Exposition)。這位隊長是一位祕書處的官員，工作就是說明故事情節的始末。但他通常不但沒有讓事情更清楚，反而編織一長串的故事，內容是關於跨界的莎翁戲劇演員們，他們令人難以置信的台下生活。

用擬真場景模型說故事
Diorama Storytelling

袖珍模型的玩家樂於接受挑戰,自我設限於8×8的範圍中,把一堆內容塞進一個小小的方形範圍中。相較之下,有些玩家說故事時,則讓模型尺寸自由發展。這類型的模型稱為擬真場景。

習於見到精巧袖珍模型的觀眾,可能會指責這些大型模型的玩家疏漏細節,但此類的模型中的佼佼者,其模型中呈現的細節及故事性,比起袖珍模型來,絕對只多不少;因為空間變大,玩家也可以描繪更多的故事。說到頭來,沒有任何一種類型的模型會比其他類型優秀,只有玩家的專業程度決定一切。

殭屍啟示錄 (Zombie Apocafest)

相比於袖珍模型呈現兩個極端,「殭屍啟示錄」是個巨型的模型,為2008年樂高年會的相關活動的成果,這個活動由樂高同好網站《積木兄弟》贊助,並於活動中頒發許多不同的模型獎項。

殭屍啟示錄中,呈現多達30名參加者的作品,內容包含數十輛汽車和建築物,以及數百個殭屍和人類人偶,散布在這個巨大、同類相殘的混戰場景中。

就如同任何巨型模型一樣,無數的小環節,共同構成一個引人入勝的故事。在模型中,一個勇猛的人類抓住一隻殭屍當馬騎,在牠前面掛了一罐腦子晃來晃去,吸引殭屍前進。有一條街上,英勇的士兵們駕駛裝甲運兵車,阻止一大群灰撲撲的不死人前進。同一時間,另一條街上,裝載火焰槍的兩用車(最佳殭屍化車輛獎得主),正把來犯的食人族掃到一邊去。在場景中,最高大也最具哥德樣式的建築物屋頂上,一個殭屍小丑拄著旗竿站立,竿頂是蝙蝠俠的項上人頭。在一個購物商場變成的戰場中,殭屍追逐著顧客,而顧客死命地想跑進樂高商店裡。

場景裡還有個檢疫站,由帳棚以及四周以堆疊的汽車和鐵絲網,所構成的牆組成。在停車場的屋頂上,菁英部隊正在準備最後的解決之道:黃色謎樣的箱子,上面還繪有放射線標誌。

終戰將近！

180

並非每個惡棍都有足以誇口
的恐怖巢穴，但這個地方絕對
稱得上其中之一。

酷刑塔（Tower of Torment）

一個搖搖晃晃的高塔，棲身在危險的懸崖
上。它具有所有邪門房子的氣氛：枯死的植
栽、鎖鏈，甚至還有個被關在頂樓的犯人。
同時間，兩個壞人正在將一個年輕女子拖
進高塔中。

路易斯與克拉克遠征隊
（Lewis and Clark）

並非所有的擬真場景模型，都是以樂高為背景。有些時候，玩家會利用自然環境，把樂高人偶或其他元素放進其中。

2007年，安德魯·必奎弗 (Andrew Becraft) 拜訪了華盛頓的失望角 (Cape Disappointment) 國家公園，加入梅里韋瑟·路易斯 (Meriwether Lewis) 和威廉·克拉克 (William Clark) 組成偉大遠征隊，第202周年慶祝活動。身為一個樂高迷，必奎佛自然不會選擇除了樂高積木之外的其他媒介，來紀念這個事件。

在他的照片集*中，必奎佛的人偶歷經了幾場歷史性的、或是和歷史毫無關係的劫難；例如走在失望角的沙灘上、被一隻超大型的巴哥犬追趕、在巨大的迷幻蘑菇上陷入幻覺中等等。為了強化故事性，必奎佛在這些放在Flicker網頁的照片上，加上了以主角觀點寫出的幽默標題。

* http://www.tinyurl.com/becraft/

大衛‧帕加諾精選（David Pagano Picks'Em）

積木影片製作者大衛‧帕加諾，從小就玩樂高長大，在他上中學開始研究攝影機時，發現了樂高是最好的說故事媒介。從紐約大學動畫學程畢業後，帕加諾現在在Little Airplane製片公司任職，擔任電視動畫影集「小鳥3號」(3rd & Bird) 的動畫師。他也參與了樂高集團為了慶祝人偶30周年，所推出的短片「去吧！小小人」製作團隊。以下是帕加諾描述一些他最喜歡的影片。

羅博塔（Robota）
http://www.tinyurl.com/brickflickrobota/

「馬克‧貝圖 (Marc Beurteaux) 製作的『羅博塔』是部成就非凡的作品，帶給我很多啟發。這個故事可以用任何媒材來敘述，只不過作者用的正好是樂高。動畫很棒、設計很棒，幽默感也很棒。」

積木影片資源

想坐上導演椅嗎？下列的資源可以幫助你美夢成真：

建議：可以上Bricks in Motion和Brickfilms.com網站，打敗學習曲線。這兩者是最大的樂高影片網站。

硬體：使用幾乎任何攝影機都可以。選擇拍照或攝影，端看你的影片想達成什麼目標而定。

軟體：編輯定格影像可以用iStopMotion或是Anasazi Stop Motion Animator。編輯影片可以用iMovie或Corel VideoStudio軟體。

教學：Bricks in Motion網站上有動畫技巧教學。
網址：http://www.tinyurl.com/bricksinmotion/

音軌：Brickfilms網站上有可以下載的音效。
網址：http://www.brickfilms.com/resources/

分享：在影片分享網站上，例如YouTube或是Vimeo，分享你的作品。

魔幻門（The Magic Portal）
http://www.tinyurl.com/brickflickportal/

「這部作品被視為已知最早，由樂高迷製作的影片。它完全以膠卷拍攝，在1880年代由林德斯‧福雷伊 (Lindsay Fleay) 攝製。」

星際大戰：大騷亂（Star Wars: The Great Disturbance）
http://leftfieldstudios.com/TheGreatDisturbance.htm

「這部影片絕妙地融合了星際大戰風潮、大眾文化元素、幽默感，還有令人驚訝的優質動畫。我相信這也是已知最長的一部樂高影片，全片大約長達80分鐘。」

樂高運動健將（LEGO Sport Champions）
http://www.youtube.com/user/LEGOsports/

「『樂高運動健將』是最早委由專業製作的樂高動畫。於1980年間，由位於布達佩斯的Vianco工作室製作。內容包含7種不同主題的運動。」

樂高人偶的歷史（History of the Minifig）
http://www.tinyurl.com/minifighistory/

「當我第一次看到這部影片時，我的反應是：『嘿！這比我製作的還棒！』製作者納森‧威爾斯 (Nathan Wells)，是樂高動畫社群中極具天份的一員。我在一些場合中和他談過話，至今為止，他努力達成的成就相當驚人；除了他自己的作品，還有為了教學所製作的短片。未來我很希望有機會，能在樂高影片的專案中和他合作。我想我們可以一起想出很不一樣的獨特作品！」

若你想看大衛自己的作品，可上網站：http://www.paganomation.com/

如果你腦中有個故事想說，利用樂高積木，你可以有各式各樣的方式可選擇。不論是影片、漫畫，或是袖珍模型，都可以讓玩家盡情地分享他們的故事。令人興奮的是，這不過是個開始，因為只要有人有故事可說，就會有各種方法推陳出新。

Micro/Macro

8 微型/巨型

喬伊‧曼諾 (Joe Meno) 的微型航空母艦模型，只用了最少量的樂高積木組件，卻創造出和原版船艦相似的感覺。

相反地，馬雷‧豪金斯 (Malle Hawking) 的美國亨利楚門號 (USS Harry S. Truman)，組建耗時一年，用掉200000片積木，模型長度超過16英呎。

有哪個小朋友,不曾看著一堆樂高積木,心中想著:若是把所有的積木,都拿來組合成一個模型,應該是個不錯的點子喔?通常這些作品最後都變成一團繽紛的混亂,碰巧在那兒的積木,莫名其妙地被組合進來;各種顏色像補丁一樣,東一塊、西一塊。不過,要是做得好的話,沒有什麼比巨型樂高模型,更讓人印象深刻的了。

樂高集團深知箇中道理,因此在樂高主題樂園中,塞滿了各種龐大的模型,例如歷史性的地標建物,或是知名的車船模型。那些夠聰明、會吸引主流注意的玩家也一樣。例如第6篇提到的,專業樂高藝術家納善·沙瓦亞,他總是建構巨大的模型,就是為了觀眾那聲「哇!」的驚呼。每個業餘玩家組建大型作品,也都是為了相同的效果。德國樂高迷馬雷·豪金斯,沉迷於組建人偶比例的美國亨利楚門號航空母艦,結果變成一項艱鉅的挑戰,讓他付出好幾個月的工時、以及不斷地採購積木的代價。最後,他的作品引起全世界的讚嘆,並巡迴歐洲展覽。

也許這些巨型作品讓人著迷的原因,是一般人並沒有好幾萬片、或像某些案例中那樣,好幾十萬片、甚至百萬片的積木,可以組合進模型中。擁有這些模型不僅僅是不方便而已,還要花上許多錢。舉例來說,在樂高的網路商店「Pick A brick」上,一片標準的2×4積木,要價15美分多,60000片的模型算下來,就需要花費約9000元美金。除了極度被溺愛的孩子之外,很少有兒童可以花幾千美金在積木上。就連大多數的成人,也會覺得這樣的花費難以言之成理。

另一方面來說,也有些玩家挑戰組建越小越好的模型。一個樂高汽車模型,可以小到多小,但還能讓人認得出是汽車?和沙瓦亞用數千片積木組成的傑作,呈現兩個極端,迷你和微型模型的玩家們,努力想用越少越好的積木,組合出一個完整的模型。比20個還少行嗎?比10個還少呢?如果有任何一片積木多餘,他們就把它砍掉。

大多數的微型模型玩家,都不受到注目;他們的作品和巨型模型相比,實在太「微」不足道了,即使組建這類模型,需要高度的技巧和精確性。然而,雖然缺乏主流的關注,這些模型在樂高同好中,仍然擁有一大堆的支持者,他們對此類以小博大的模型,感到既欽羨又令人躍躍欲試。

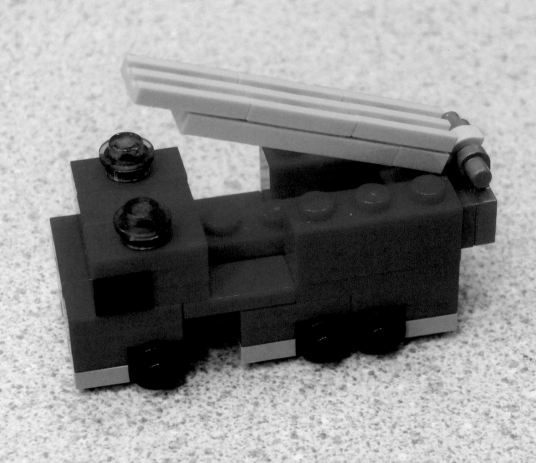

（上）這台微型消防車所用的積木，還有可能更少嗎？

（下）安德魯‧必奎佛的微型戰機，讓人一眼就看出是電視影集「星際大爭霸」（Battlestar Galactica）中的戰機，但僅用極少數的積木組成。

微型模型
Microscale

在第3篇中，我們曾談到人偶比例尺寸，這種比例尺寸是用來決定模型的大小。樂高人偶在樂高構成的宇宙中，擁有一切的優勢；從坦克車履帶到香蕉，全部都是依照他們的尺寸製作的。因此，一旦玩家決定要組建微型模型，就得一切從頭來過。樂高人偶只好被拋棄了，因為通常在微型模型中，人類的尺寸是1×1的圓形積木大小，而且通常採用黃色的圓形積木，以呼應人偶的膚色。

不過，組建微型模型並不只有挑戰，也是有優勢的。雖然微型模型的技巧，要求精確地使用積木，但玩家的確不需要買很多很多的積木。具有經濟優勢的玩家，通常會向樂高集團整批訂購作品中所需要的積木，但是微型玩家不需要大量的積木收藏，來組合微型模型。不過當然，每塊積木都得是對的積木才行。

微型玩家的兵器庫中，最有力的武器，就是觀賞者對模型模仿對象的認識。若模型表現的是帝國大廈，觀賞者看到模型作品時，自會用想像力來填補空缺。有一瞬間，他或她會發出「阿哈！」一聲，突然發現這一小把積木要呈現的是什麼。

這股風潮的其中一個面向，就是玩家會用微型概念，重新組建樂高的官方模型組合。荷蘭烏特勒支的玩家艾瑞克·史密，就重建了樂高集團於2009年推出、屬於【城堡】系列的「中世紀市場城」；把原本的人偶比例變成微型比例，同時並不減損其絲毫魅力。史密用圓頂的小釘扣，代表城鎮的居民；一桶農作物，變成一片綠色的1×1圓板，放在一片棕色圓板上。兩片2×1的平板疊在一起，就變成一張桌子。簡而言之，這個作品重現了一個高辨識度的官方組合，讓人印象深刻。

微型模型，並非只是厲害玩家在展現特殊技巧而已，它也是某個樂高官方產品的主題。集團在2005年時，趕上這股風潮，推出樂高工廠組合。裡面提供玩家積木和指引，讓玩家可以建造微型的飛機場、遊樂園，甚至還有自由女神（由納善·沙瓦亞設計）。弔詭的是，其中最大的一個組合是「天際線」(Skyline)，裡面有超過2700片積木，要價135元美金。這對一個重點是用越少量積木越好的微型模型來說，積木數量未免太多了點。

組建大型模型的玩家，在決定模型尺寸時，有時會發現自己陷於難解的處境。若是想採用樂高人偶比例，轉眼間往往會變成很過分的局面。這類模型，通常需要上千片的積木，還會佔去很大的空間、花很多錢。人偶本身就已經很花錢了，舉例來說，若是玩家想建造一個美妙的、8呎高的城堡，他就需要上百個，或甚至上千個人偶，每個人偶在樂高網路商店中，要價超過1美金，這還不包括要建造城堡用的積木的花費呢。

相對地，微型模型讓玩家可以不用耗費許多積木，就可以建造龐大建物的模型，而且一般來說，連一個人偶都不需要。通常這些模型，最後都不會超過一張桌子的大小。所以讓人一點也不訝異的是，模型也容易被搬運和移動。

以下模型便是以很小的尺寸，呈現巨大場景。

微型場景模型
Microdioramas

西恩‧肯尼 (Sean Kenney) 的洋基棒球場模型，結合了鳥瞰的尺度和超迷你的細節。他的模型中呈現的人物，如圖所示，被大幅精簡，但依然足以辨識。模型耗時3年、用掉45000片積木，還有一群非常幸運的小學生幫忙。

洋基棒球場 (Yankee Stadium)

就算是巨型模型，也用得上微型模型的元素。西恩‧肯尼的洋基棒球場模型 (第4篇中圖片有更多細節)，用掉超過45000片積木，但呈現出超迷你版的人物、小小的勤務卡車，還有許多其他的細節。這個模型比例尺為一比一五〇，因此無法使用樂高人偶，所以肯尼改用1×1的積木，上面加一個圓板積木來代替。這雖然不是可以想像的最小尺寸——有些微型場景模型只使用1×1的圓板當做人物——但這個尺度對這個模型來說恰如其分。

夏農尼亞（Shannonia）

夏農尼亞是微型模型玩家夏農·楊（Shannon Young）的作品，它呈現的是一座位於海邊、巨大的現代都市。在楊的模型比例中，汽車和人都小到看不見，所以模型中只見建築物──包括辦公大樓、教堂，甚至海邊的酒吧都有，建築物是這個模型的主角。

楊一開始建模型的目的，是組建微型的摩天大樓，之後他陸陸續續又建了幾個城市的街廓來搭配它。「我沒有想過，它會像現在看到的這樣，持續不斷地成長。」楊在訪問中說道：「通常我會把我的樂高作品拆掉，然後把積木用在別的地方。但我實在太喜歡這城市一角了，所以就組建了另一角、又一角、再一角……」

在這個耗時超過3年的模型中，楊用了許多不同的技巧和顏色，來描繪不同的建築物，好讓這個都市景觀和許多真實的都市一樣，繁複而多樣。楊甚至為其中好幾棟建築物編派了故事，放在他位於MOCpages.com網站中的網頁上。例如，其中一棟建築是破舊的旅館，他寫道：「別被它時髦、修葺過的外表給騙了，這地方可是不折不扣的破舊。屋頂上那間阿波羅酒吧中的氣氛，最含蓄的說法，也只能用『安靜的沮喪』來形容。」

弔詭的是，楊原本的打算是組建「微型」模型。「我想試著繼續建這個『大』模型，直到我用完了所有積木，或是沒興趣了為止。」他想讓這座城市擴大兩倍，並加上一個工業區，和現有的住宅區和商業區作伴。不過現在他必須暫時擱置這個擴建計畫，因為實在沒有空間容納模型了。

（上）夏農·楊的夏農尼亞模型，比例如此之小，一棟高層辦公大樓只有一個打火機的大小。

塞車 (Traffic Jam)

在夏農尼亞的比例中,汽車是看不見的;但麥特·阿姆斯壯 (Matt Armstrong) 則把汽車放進了微型場景模型中。這個模型呈現的是一邊5線道、兩邊共10線道的高速公路。

　　阿姆斯壯的塞車模型讓人見識到,即使在微小的模型尺寸中,也能表現出驚人的多樣性。有些車輛頂端有光滑的平板,有些則自豪地將螺柱接頭露出來。

（右）麥特·阿姆斯壯的「塞車」模型,小得可以放在手掌上。裡面有工程鑽掘機、警車,還有一台救護車。有一輛雙層巴士朝向這個方向,那邊則有一台疑似蝙蝠車,朝向另一個方向。

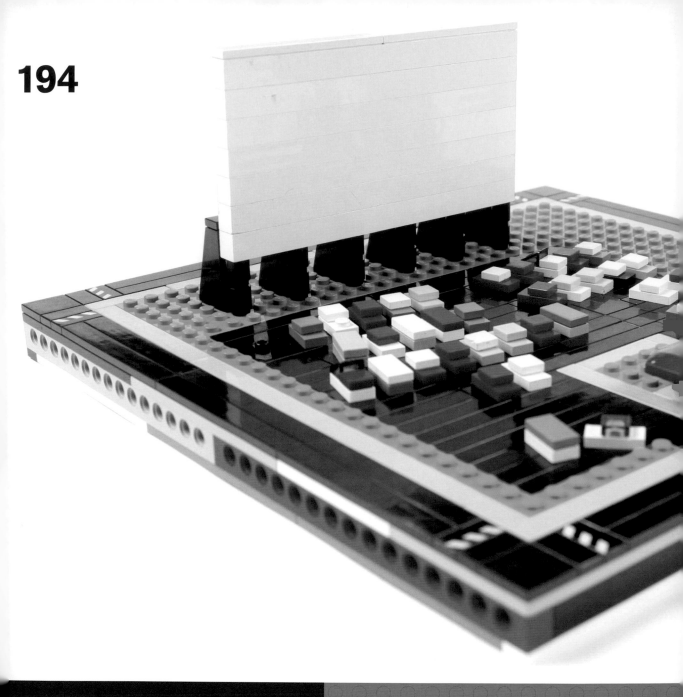

合作微型模型
Collaborative Microbuilding

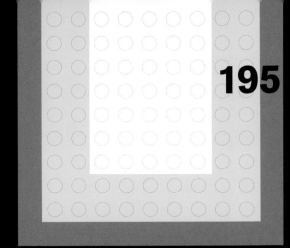

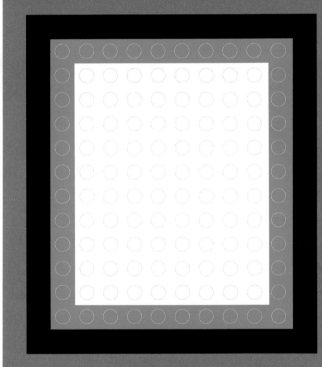

（上）麥特·哈蘭（Matt Holland）的微型城邦模組，展現了所有真實城市中的多樣性，以及生命力。他用兩個組件組合的優雅汽車模型，讓人一眼就可以辨識出來。

（右）微型城邦是好幾個玩家的心血結晶，他們各自組建模型，並組合成一個作品。

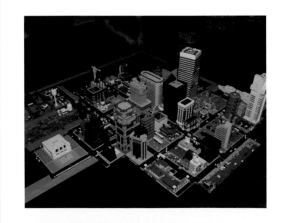

「微型城邦」(Micropolis) 是一個開放、共同合作的微型模型建案,參與成員來自以雙城玩家 (明尼亞波里市和聖保羅市) 為基礎的TwinLUG's「雙城玩家團體」(請參見第11篇關於樂高玩家團體的敘述)。這個建案的目的,是創造一個可以永續發展的城市。成員們可以獨力建造個別單元,並且在成員集會時,將模型組合在一起。這個建案也顯示出,網際網路對於樂高同好會的革命性影響。住得很遠的成員,可以上傳照片,並和其他成員比較建築的技巧,最後才在年會中聚會,親眼見識組合成果。在微型城邦的案例中,成員們希望,他們各自建造的微型建築組合在一起時,看起來會像是同一個人做的。

合作模型成功的關鍵是,成員都必須認同模型的標準:街道一定是幾個螺柱寬、街廓又是幾個寬等等。若沒有這些規範,玩家各自組建的人行道就會接不起來,比例也可能錯誤:同樣都是10層樓高的建築物,卻有一棟睥睨另一棟。有了這些規範,即使是互不認識的玩家,也可以各自組建一個城市的不同單元,並期待它們可以組合成一體。

以下是「雙城玩家團體」的微型城市標準:

- 所有的建設,都是以16個螺柱長、寬的「模組」構成,相當於5寸平方的正方形。

- 一個街廓是兩個模組長、兩個模組寬,四周有兩個螺柱寬的道路。人行道是一個螺柱寬。

- 一片標準積木的高度,相當於9英呎。

- 每塊模組的地基,都包含一片平板及一層積木,並覆蓋另一層平板。模組之間,以「創意大師」的鎖接系統連接。

除了「雙城玩家團體」的標準,還有由其他的合作模型設立的建築規範。例如,樂高太空系列迷布拉姆·蘭布雷特 (Bram Lambrecht),就創造了微型月球基地標準,讓其他玩家也能加入、共同建造月亮上的城市。人類以1×1的圓板代表,第一層樓始於基地上加1片板,第二層樓始於11片板的高度 (1片板等於1塊標準積木1/3的高度),3樓地面則位於7個積木的高度。模組之間以管狀的長廊連接,長廊以2×2的圓形積木組合而成。

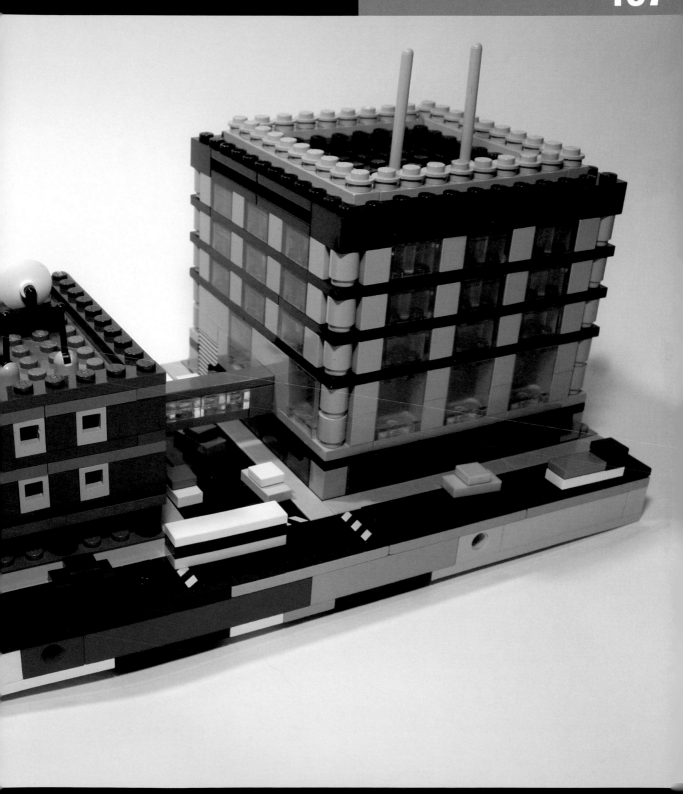

馬修·齊爾斯 (Matthew Chiles) 的人偶比例雲霄飛車模型。雲霄飛車的軌道，採用標準樂高火車鐵軌製作。

巨大模型
Building Big

微型玩家是一個特殊族群,在樂高同好間享譽盛名,但通常被主流忽視。一般閱讀嗜好部落格和線上新聞的讀者,只會聽聞巨型的樂高太空梭模型,以及上百萬片積木組成的高塔,並不會聽說用8片積木組合而成的警車。

對一般人來說,用幾千片積木組成的模型,就是容易讓人印象深刻。當一個巨型模型展出時,人們總是會問:它是用多少片積木組合成的?就連樂高的官方產品,也是用裡面含有多少片積木,作為決定模型複雜程度和售價的依據。「樂高世界」主題樂園裡,擺滿了數不盡的世上知名建築、雕像和車船的巨型模型。樂高集團並且聘有專業玩家,創作、維護這些模型。

一個成功的巨型模型,必須展現高超的模型技巧,並有創意地使用樂高積木組件。事實上,因為有這麼多的細節包含在巨型模型中,很多時候,光是模型的其中一個單元,裡面的精細程度就和尺寸小得多的模型不相上下。

以下敘述的模型都展現了驚人的技巧,並使用了大量的積木製作。

雲霄飛車

這座可以運作、以樂高人偶比例製作的雲霄飛車,上面有3台車廂,每個車廂裡有4個樂高人偶。高度為55英吋(換算成實際高度為175呎高),用掉124組樂高火車的軌道。車廂移動的平均時速,換算實際為65英哩,而在底端時更達140英哩。

「在開始組建這個模型之前,我就決定,要嘛就要做出一個迴圈,不然就不要建雲霄飛車。」齊爾斯在他的網站上寫道:「所以我拿了一堆4.5伏特的軌道,開始進行測試。」在他讓迴圈成功運作之後,就開始設計雲霄飛車其餘的部份,不斷測試軌道曲線的尺度,直到可以正確運作為止。這個模型在2002年的「美國火車大展」中,首度公開亮相,之後也有多次展出。這個模型放在齊爾斯的穀倉好些年之後,他又組建了一個更大的雲霄飛車,並命名為「鳳凰號」(The Phoenix)。

大和號戰艦
（Battleship Yamato）

用人偶比例尺寸，建造任何大型的模型，都會是個挑戰；更別說是一艘巨大的戰艦了。三井淳平花了超過6年，才組建出這個忠於原版船艦的模型。這艘船重330磅、用掉200000片積木，裡面充滿了各式驚人的細節。船頭有個帝國菊花徽章，頂上還有面用積木打造的日本國旗飄揚。如果你退得夠遠，足以將整艘船納入眼簾的話，那就可能會忽略那些正在執行勤務的人偶水手們，或是甲板上數不盡的地對空飛彈。三井的模型曾經很短暫地，成為世界最大的樂高船舶模型記錄保持者；不過也不意外地，另一個玩家又建了一艘更大的船模型。目前的紀錄保持者是勒內·霍夫梅斯特（Rene Hoffmeister）的貨櫃船，用掉400000片積木，長7.92公尺，也就是將近24英呎。

三井淳平，在樂高迷之間暱稱為「樂高君」（JunLEGO），組建了這艘長達22英呎，二次世界大戰日本軍艦「大和號」的模型。

布萊克莊中央情報局
（Blacktron Intelligence Agency）

2003年10月，印第安納波利斯玩家團體 (IndyLUG) 接到一個誘人的提議：邀請他們參加隔年的於該市舉辦的親子展。該團體於是決定，由每個成員負責一個模組，合作共同組建一個月球太空基地。

「我當下就知道我想要建什麼。」印第安納波利斯玩家團體的成員布萊恩·戴洛 (Brian Darrow) 在《積木天地》的訪問中表示：「以我最愛的樂高組合：以【太空】系列『布萊克莊一號』為基礎，組建成一個模組。」布萊克莊一號是樂高集團在1998年發表的組合系列，內含黑色和透明黃的組件，模型呈現出一個窮兵黷武、來者不善的太空勢力，以及他們從事的謎樣活動。原始的組合之一：「資訊交換基地」（編號6987），呈現的是某種情報蒐集設施，戴洛即是援引此一組合為靈感。

自親子展結束後，戴洛就努力地擴張他原本的月球太空基地模組，把它變成一個完整的科幻城市，由一群身穿黑衣的間諜掌管。從創作這個模型以來，他曾多次將之重建，並且每次都增加新的組件。他加上了高塔、車隊，還有樂高人偶軍隊。甚至還建了環繞城市、載送工人的單軌運輸系統，讓鐵軌在眾多不同的建物間，彎曲環繞。

這個模型已經耗掉了戴洛5年的時間，但還沒結束。自從「布萊克莊中央情報局」成立以來，已經經歷過7種完全不同的版本，並發展成長毛象的尺寸了。整個模型要花上10個小時才能組合完畢，共8英呎高、34英呎長，用掉245尺長的單軌道，還包含超過1200個人偶。戴洛至今已經搞不清楚，這個模型究竟用掉多少積木、花費多少錢了。

布萊恩·戴洛壯觀的間諜機構，裡面有邪氣的黑色高塔及車隊。

樂高椅

史蒂芬·迪克拉瑪 (Steve DeCraemer) 想要建造一張樂高椅。他的面臨第一個挑戰是,這樣的模型是否行得通?他還想讓這張椅子,在能承受他重量的範圍內,盡可能地纖細。被他稱為「阿米許拉鍊安裝機」(譯按:Amish zipper installer,阿米許人是美國和加拿大安大略省的一群信徒,以拒絕汽車及電力等現代設施,過著簡樸的生活而聞名。某些社區的服裝規範包括禁止使用紐扣。)的這個模型,花費時5個月建造,重量超過50磅。

史蒂芬·迪克拉瑪的真人尺寸樂高椅,不僅看起來厲害,還實際可以當椅子坐。

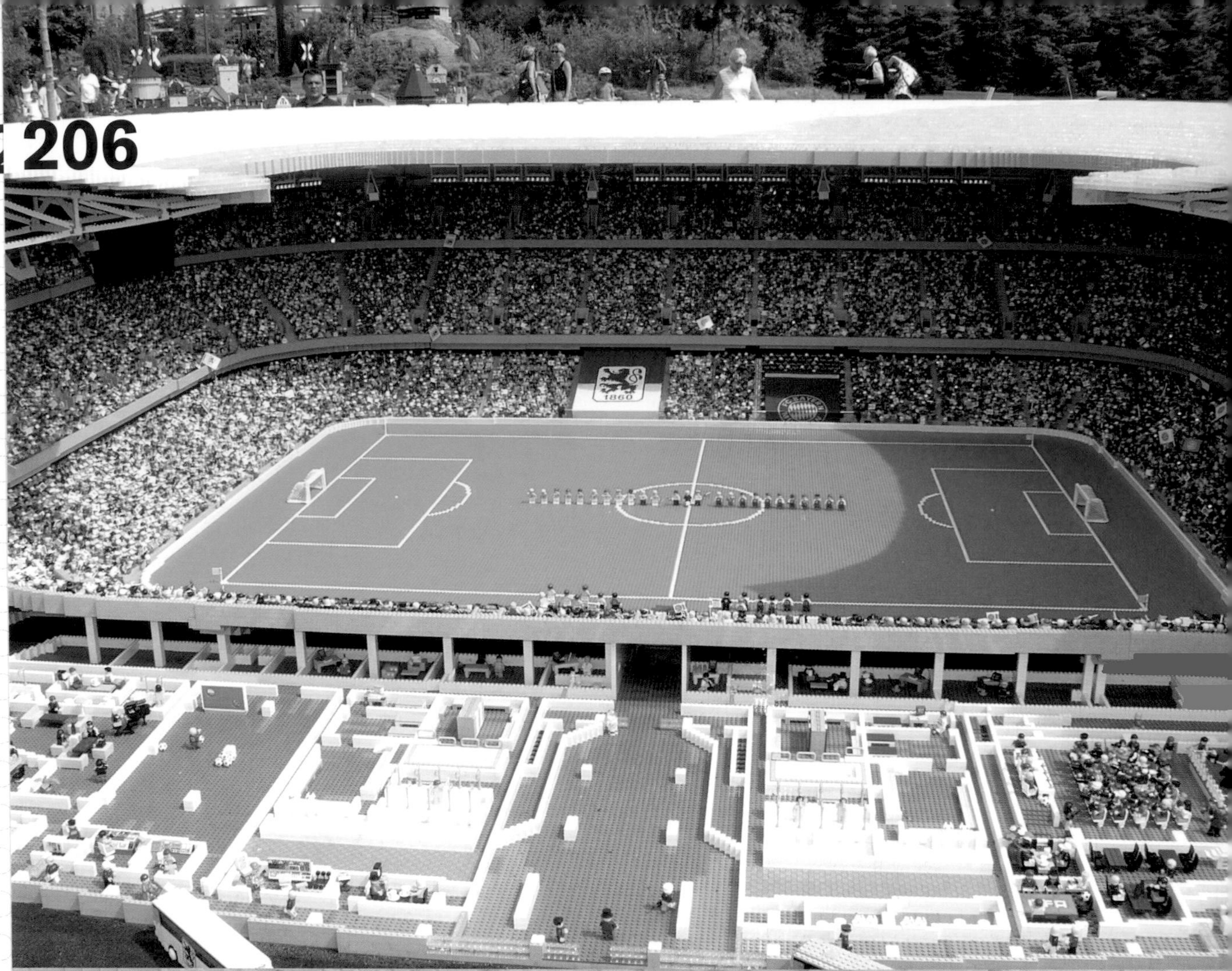
1860

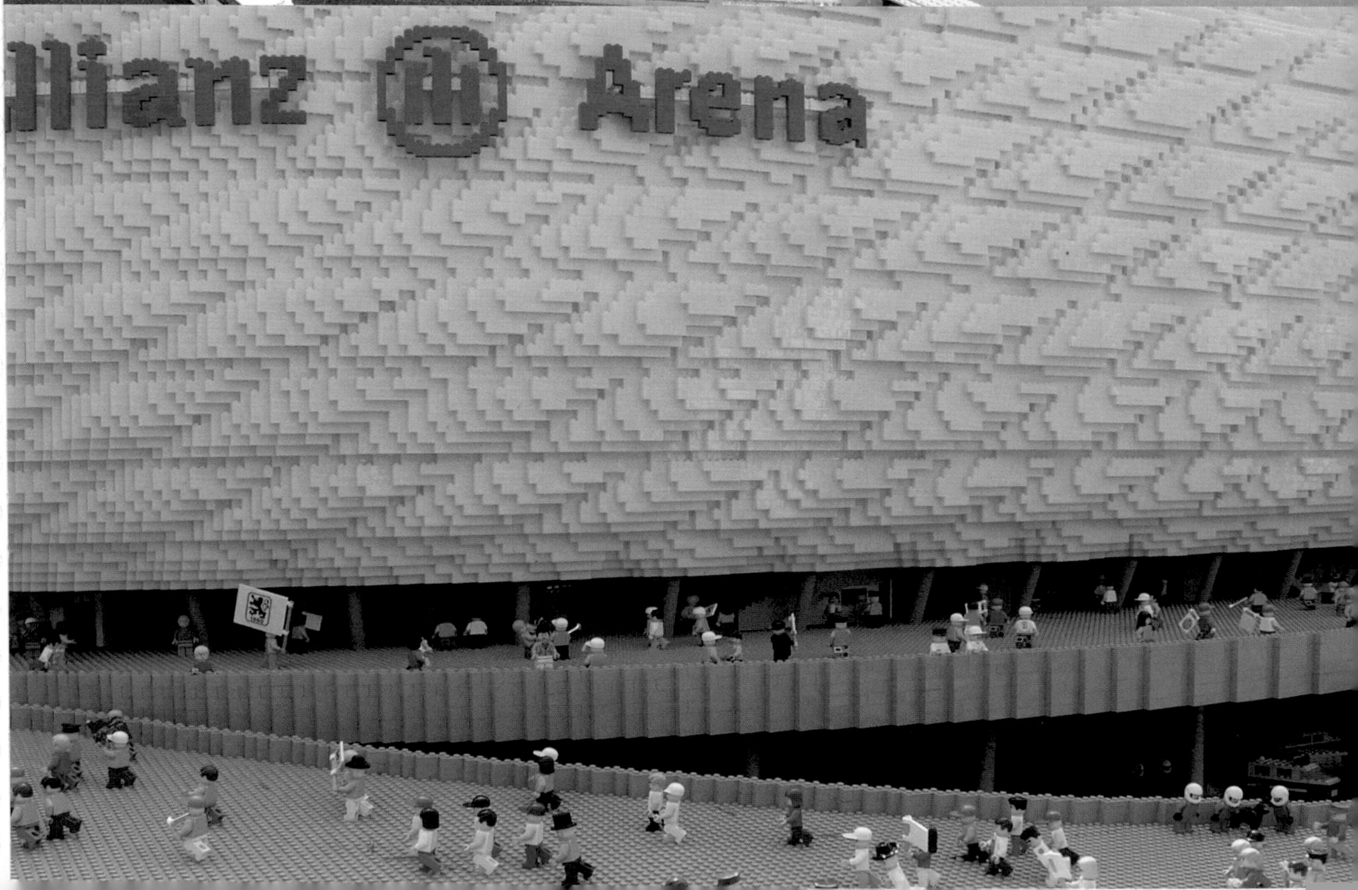
llianz Arena

樂高安聯體育場 (LEGO Allianz Arena)

從這個位於德國金茨堡 (Günzburg) 德國樂高世界主題樂園中的模型，就可以看出，樂高集團的主題樂園裡的模型，有多超過。這是個巨型、人偶比例的足球場，用掉一百三十萬片積木、重達1.5噸，裡面人偶數量令人吃驚，高達30000個。由一個剖面展示出足球場內部正在進行的活動，裡面包含一間裝備室、媒體區域、行政包廂，甚至還有個小型車庫，用來停放勤務車輛。夜間，各種顏色的燈光照亮這個球場模型，就如同真實版的足球場一般。

天使像（Angel Sculpture）

住在西雅圖的軟體工程師大衛·溫克勒（David Winkler）的天使像，可不只是個漂亮的模型而已。在許多方面來說，這個模型顯示了21世紀的科技，如何幫助玩家們，建造出心目中的夢想模型。

溫克勒這座模型的本尊，是一座為史丹佛大學打造的義大利雕像：「光之使者」（Bringer of Light）。這座雕像曾以特殊的3D掃描器，掃描成影像檔。溫克勒從史丹佛的網站下載了這些掃描檔案，並利用自創軟體，將這個立體造型，切割成比較容易操作的小單元，然後再決定他要用使用哪些樂高組件，組合成這座雕像的模型版。

有鑑於史丹佛大學的慷慨，溫克勒也提供這座天使模型的藍圖和模型組合說明，讓其他玩家也能重製他的作品。

黏合樂高
Gluing Lego

有意征服巨型模型的玩家，要面對的，不僅是審美上以及經濟上的挑戰，力學上的考量也是一大困難。以樂高標準積木的螺柱榫接系統來說，積木之間的附著力並不足以支撐大型模型，而不致於崩解。要是模型得搬運超過幾英呎，很多玩家就不得不把積木黏在一塊兒。這種行為，很多樂高迷會視之為不祥，因為他們不屑任何非樂高的元素，出現在樂高模型中；更不能容忍任何想要改進、或是傷害積木的想法。不過，許多專業玩家除了將積木黏合之外，別無選擇，因為他們實在沒有時間一直修復破損的模型。

拜電腦輔助設計之賜，大衛·溫克勒的樂高天使，看起來像是雕刻的作品。

亨利·林姆和他的劍龍寶寶合影。當被問及他出於
什麼原因想要製作這麼大的模型？他答道：「失心瘋
可不可以算是一種動機？」

真實比例的樂高
Life-Size LEGO

亨利·林姆想要組建一隻恐龍——而且要是真實大
小的。還不是什麼恐龍都行，非得是劍龍不可；這種
恐龍通常有30英呎長。他在自家客廳裡組建模型，
空間實在容納不下這麼一隻全尺寸的猛獸；於是他
只好妥協，改組一隻一半大小的劍龍寶寶。他的模型
用掉120000片積木，耗時7個月完成。

略過買齊所有組件的花費不談，組建一個一比一的
模型還有一大挑戰：當建築原料是小小的塑膠塊時，實在
沒辦法做出完美的曲線、皮膚色調或是濃密的毛髮。

很多玩家只好接受此一事實：即是再怎麼巧妙，樂
高模型就是沒辦法像真的一樣。他們只能讓模型盡可
能地肖似，並希望觀眾能欣賞他們作品中的美感。

組建真實比例的生物，挑戰性最高的，也許要算是肖像了。第3篇描述過一些玩家，著迷於用樂高人偶表現真實人物；另外還有一小群大師級的玩家，以組合真人尺寸的真實人物肖像為樂。其中一個可敬的藝術家是德克·迪諾耶爾（Dirk Denoyelle），這位比利時的樂高專業積木大師，專長是半身像和馬賽克。不過最知名的肖像藝術家，大概要算是納善·沙瓦亞了。他曾上過無數的電視節目，製作過許多名人肖像，例如芮秋·雷（譯按：Rachael Ray，美國知名主廚，主持同名電視節目。）以及史蒂芬·科柏特。（譯按：Stephen Colbert，諷刺節目『科柏特報告』主持人。）

對有錢的樂高愛好者來說，沙瓦亞可以收費，為他們打造他們的樂高分身。顧客只要將照片和尺寸寄給沙瓦亞，他就會用收藏在紐約工作室中的1500000片積木中的一部分，為顧客做塑像。這個塑像經過黏合、裝箱，運送到客戶手上，收費視複雜度而定，但通常從五位數中間起跳。

（右下）納善‧沙瓦亞和他製作的真人尺寸史蒂芬‧科柏特合影。

（左下）他和自己的側身像面對面。

對很多樂高迷而言,建構微型模型,象徵著模型技術的顛峰。不過在我們的真實世界中,比起簡單、小巧來說,東西越大、越貴就越吸引一般的愛好者。這種想法來自於:每個人都可以組建一個由12片積木組成的模型,但一個超過100000片的模型,就遠超過一般愛好者的能力範圍。不論這樣的理由是否充分,對這些東西有興趣的人們,在乎的是大、更大,還要再大。

以下的範例是在各種不同的領域、創下世界紀錄的樂高建物。但如同所有的世界紀錄一般,記錄保持者時常變動。讀者可以在以下網站找到世界最大樂高的最新記錄:http://www.recordholders.org/en/list/lego.html

樂高世界紀錄
LEGO Records

最高的塔

樂高集團逐漸感受到,當有破記錄的高塔出現時,所產生的宣傳威力之大;因此自2002年起,便陸續組建了超過一打的高塔,每座塔都只勉強超越之前的塔一兩英呎。目前世界最高的樂高塔記錄保持者,是2011年在巴西聖保羅組建的,高102英呎3英吋。這些高塔多半外觀相似,積木圍繞著中心骨架堆疊,並以纜索保持模型直立。

最長的火車軌

如果拉成一直線,這座由「西北太平洋樂高火車俱樂部」(Pacific Northwest LEGO Train Club) 於2008年8月組建的火車軌道,長達3343英呎,等於超過1公里。

最高的起重機

利勃海爾 LR-111 200型 (Liebherr LR-111 200)、履帶式起重機的按比例模型,由亞文·布蘭特 (Alvin Brant) 組建,高度達20英呎。

（左）這座高95英呎的塔，是為了在多倫多舉辦的2007年加拿大國家展覽會（Canadian National Exhibition）所建造的，打破了當時的世界紀錄。

（左）這座打破記錄的軌道，長度超過3000英呎，它能放進這個大會堂裡，靠得是讓軌道圍成小圈圈。

（右）亞文·布蘭特的這座起重機模型是世界紀錄保持者，它從未在大型會展上展出，原因是，這座精細的模型在搬運上有困難。

（左）泰德·密瓊 (Ted Michon) 按比例組建的吊橋，設計的目的是讓多種不同的火車模型，可以放在不同的軌道上。

最長的火車鐵橋

這座由泰德·密瓊組建、長達20英呎的橋，在2009年時，將整座完整的模型，裝載在一個訂製的運送貨櫃中，由路易斯安那運送到波特蘭，參加「積木慶典」。這座雙軌的火車吊橋具有完整的功能。

最大的城堡

位於俄亥俄州貝萊爾的「玩具和塑膠積木博物館」(Toy and Plastic Brick Museum) 中，有一座用1400000片積木、2100個樂高人偶組成的城堡。

最大的汽車

「樂高超級車」(The LEGO SuperCar) 由樂高集團的設計師建造，尺寸為一比一，用掉650000個組件，重量超過1噸。這座模型是【創意大師】系列：「樂高超級車」模型組合的10倍放大版，與模型玩家通常為大型物件製作縮小版模型的模式，恰恰背道而馳。

最長的鎖鏈

這條鎖鏈是2003年，由瑞士的學童組建的。長1854英呎，包含超過2000個鎖環，用掉424000積木。

最大的船

在瑞內·霍夫梅斯特 (Rene Hoffmeister) 的率領下，3500個學童，使用513100片積木，組合成一艘有25英呎（相當於7.6公尺）長的貨輪，輕而易舉地打敗了霍夫梅斯特本人寫下的紀錄。他在2008年、2009年，分別以瑪麗皇后二號 (Queen Mary 2)、和一艘貨輪模型，創下世界紀錄。

最大的雕像

坐牛酋長（譯按：Sitting Bull，美國印地安人蘇族酋長）的塑像，位於丹麥畢蘭的樂高世界主題樂園（LEGO-LAND Billund）中，高25英呎，使用1500000片積木。

微型和巨型——乍看之下，這兩種類別的模型，似乎沒有任何相似之處。但如果仔細思考，這兩者放在一起還滿有道理的。兩類模型的玩家，都追求作品的極致，想盡辦法用最少或最多的積木來創作。在看似兩極的情況下，玩家們都致力於創造最聰明、最美的模型。差別僅在於用掉的積木數量不同而已。

igital Brickage

9 數位積木

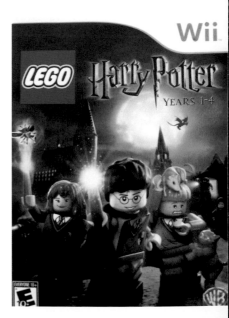

至今為止，我們已經看過了樂高產品怎樣滲透我們生活中的每一層面，從美術館裡的畫作，到自製的iPod底座，它無所不在。所以當你發現樂高也已經想辦法進入數位世界時，應該也不會太驚訝。

從一開始，樂高集團的經營團隊就積極擁抱創新，不斷地尋找新產品——即使這個新產品來自於複製前人的成功也無妨。其中一個集團持續開發的領域，就是電腦程式和遊戲。

1997年，集團推出首款電腦遊戲「樂高島」（LEGO Island），這是一個非排名的創意競賽遊戲，內容是組建模型和訂製模型，這對於樂高集團來說，是非常自然而然的，也是近幾年來一再重複的主題。

組合積木模自然是樂高集團的核心能力，有許多來自於樂高或是第三方的軟體，讓使用者可以用來建構虛擬樂高模型。這些設計軟體，內建大量的樂高積木資訊，包含那些很少見的，或是玩家設計訂製、樂高可能永遠不會量產的積木。利用像是LDraw或是樂高推出的Digital Designer這類軟體，使用者可以創作虛擬模型，將它旋轉，並且輸出影像，使用在網路或是平面印製品上。

樂高集團最近期，針對數位世界所推出的產品是【樂高宇宙】（LEGO Universe）。它是類似魔獸世界的多人線上角色扮演電玩，裡面的居民是玩家們各式各樣的樂高人偶分身。如同其他多人線上遊戲一般，玩家可以在其中經歷冒險、解開謎題，並和其他角色互動。

(上) 人偶版的黑暗騎士？這個樂高品牌的衍生產品，是因應線上玩家的熱情而生。

(中) 在樂高星際大戰遊戲中，你可以使用虛擬人偶組件，創造任何一個你想要的星戰角色。有誰要當達斯·格里多 (Darth Greedo) 的嗎？

(下) 在樂高哈利波特遊戲中，玩家一邊想辦法從霍格華茲畢業，一邊重溫電影中的場景。

時至今日，樂高集團已經推出30款以上、以樂高為基礎的電玩。這些電玩涵蓋多種不同的主題，例如賽車和運動等。雖然這些主題大部分都不屬於樂高模型的類型，但遊戲畫面上，會盡可能地出現樂高的元素。以1990年推出的樂高賽車遊戲為例，玩家可以自行打造他們的樂高人偶賽車手，裡面的賽車看起來也像是用樂高積木組成的。2008年推出「樂高蝙蝠俠」(LEGO Batman)，遊戲的每一個關卡，都會讓玩家收集樂高積木，並以此獲得積分。當目標被擊破——例如玩家砸爛一個垃圾桶獲取電力時——就會爆炸分解成滿天的樂高積木。更具有建設性的還有：讓玩家在關卡中找尋一堆組件，然後用這些組件，建成梯子、輪子或齒輪，好越過障礙。過關斬將的玩家，可以得到額外的獎勵，讓他們可以用樂高人偶打造自己的英雄。

還有好幾個遊戲，是依據【生化戰士】系列的主題而來。一般來說，都是重複並加強原本生化戰士相關的書和漫畫中的故事線。就如同該系列的模型一般，生化戰士的電玩，也將焦點放在打鬥上，而不強調建造的面向。舉例來說，「生化戰士英雄」(BIONICLE Heroes，遊戲分級為青少年) 因為膚淺的屠殺行為、玩家鮮少有機會從事樂高模型建構、且呈現出的景色也很難讓人聯想到樂高等等因素，而受到批評。許多方面來說，這個電玩中玩家，就像是扮演殺手親身上陣，穿梭在樂高組件當中。

不過在其他的電玩中，樂高集團將這種玩具的可塑性發揮得比較好，且多半是用來增添喜感。例如「樂高西洋棋」中，玩家可以選擇大西部主題，讓棋局一邊站著牛仔們，對上另一邊臉上彩繪的印地安人。在「樂高星際大戰」中，玩家可以把組件混合重組，例如把葛理多 (譯按：Greedo，星際大戰中，外型類似鼠頭人身的角色) 的頭接上韓蘇羅 (譯按：Han Solo，星際大戰的主角之一) 的身體，並讓他配戴一把軍刀。在「樂高瘋足球」中，玩家可以從任何樂高主題中選擇人偶，組成球隊。所以一具骷髏可能和忍者並肩作戰，共同對上一個海盜。

在樂高人偶蹦蹦跳跳地娛樂玩家時，這些樂高運動電玩，可以說喪失了樂高最大的優勢：建構。樂高集團推出的其他電玩中，也有些勉力將動作和構築的元素，加進遊戲中。「樂高特技賽車」中，玩家可以自行設計建造賽車軌道，增加迴圈或是障礙。「樂高世界」遊戲，則有點類似Maxis軟體公司推出的「模擬城市」(SimCity)，讓玩家可以在其中建構一個虛擬的主題樂園，並維持營運。「樂高戰役」中，玩家可以用經典樂高主題系列中的積木，建構堡壘、進行小規模戰鬥。這些系列中的元素常有趣地混合在一起：海盜、巫師和外星人在戰鬥的一方，太空人和龍則是另一方。

樂高集團跳進電玩業的主要原因，自然是為了促進實體產品的銷售。樂高集團的授權系列商品，如知名的哈利波特、蝙蝠俠、印第安那瓊斯，以及星際大戰，都有相關的電玩遊戲。假設一個小朋友很喜歡玩哈利波特的電玩遊戲，那麼自然很容易讓人聯想到，這個小朋友也很有可能被哈利波特的模型組合吸引。不過，樂高推出的許多電玩遊戲，本身就已經很成功——「樂高蝙蝠俠」贏得遊戲評論家的高度讚賞，至今已銷售超過7000000套。

樂高集團推出的「創造者」(Creator) 遊戲，讓玩家不需要買積木，也可以享受組建模型的樂趣。

除了在動作類型的遊戲中，偶爾會出現組建模型的機會，樂高集團還推出「創造者」系列遊戲，讓玩家可以在螢幕上盡情地建造模型、並操控它。雖然被歸類為電玩遊戲，但「創造者」僅提供微量的情節、動作或謎題，主要著眼於組建模型本身的樂趣。

在「創造者」中，玩家一開始被賦予一塊簡單的遊戲區，還有選單可以選擇各種積木，用來建造家具、地面和結構體。居住在這地區的人偶和動物會四處遊盪，直到玩家點擊他們為止。原始版的「創造者」遊戲，可以說只是個虛擬的堆沙堡遊戲區，但系列作「樂高創造者之哈利波特」(LEGO Creator Harry Potter) 裡面，就有簡單的謎題。（其作用比較像是讓玩家學習「創作者」各種介面，而非娛樂用）。這個遊戲也有較多的互動成分，例如騎在掃帚上的巫師和女巫、可以自行變換的天氣，還有機會搭乘霍格華茲特快車。

樂高集團也生產「創作者」的模型組合，但這個模型組合和遊戲的關係並不強，包裝反倒是承襲可以用來組建各式模型的標準積木系列。

組建模型型遊戲
Building Games

電腦輔助模型
Computer-Aided Building

「創造者」軟體有其嚴肅的一面,吸引了許多成人樂高愛好者。而有些玩家則實際使用電腦輔助繪圖軟體 (CAD) 來製作數位模型。這些軟體和工程師、建築師使用的軟體類似,但由樂高愛好者加以修改,以符合他們的使用需求。這些CAD軟體提供多樣的3D積木形狀,讓使用者可以在螢幕上組建模型,用來為實際上的模型製作原形,或是單純只是製作一個虛擬模型,因為這些模型若要實際製作,可能會太昂貴、尺寸太大,或是欠缺所需的積木。這些虛擬積木有和實際積木相同的3D形狀和尺寸,設計軟體就用這些組件,來組合成模型。

艾倫·史密斯 (Allen Smith) 的Bricksmith軟體,結合了由詹姆士·傑斯曼 (James Jessiman) 創建的LDraw中的積木資料庫,以及容易操作的麥金塔電腦介面,兩大優勢。

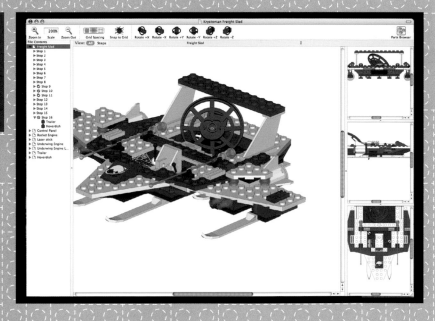

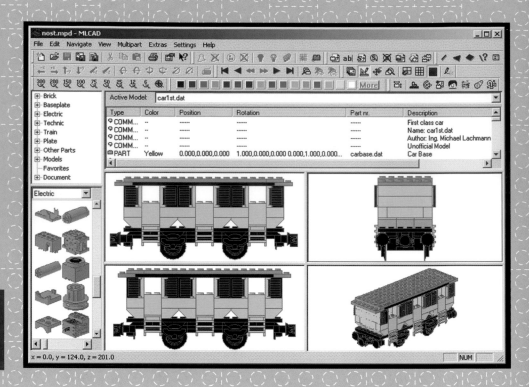

MLCad的介面，包含模型顯示視窗，和自製組件的資料庫選單。

樂高版CAD的祖父——LDraw

1995年，澳洲人詹姆士·傑斯曼，開始設計第一個樂高模型軟體：LDraw (http://www.ldraw.org/)。他的最初成品，以今日的標準來說，可說是相對地原始；既沒有圖像化的使用者介面，組建的指令也必須一行行輸入，且要等到軟體跑完才能看到組合的結果。尤有甚者，裡面只有內建3種積木組件：2×2、2×3和2×4。

即便如此，傑斯曼的軟體，成為一種全新組建樂高方式的發軔。這些年下來，資料庫中已經加入數百種不同的樂高組件，這些組件必須通過LDraw志願者一系列的嚴格評價，過程雖緩慢但有條有理。這些新的積木形狀，大多數符合樂高的官方產品，但有些玩家設計、市場上並沒有銷售的積木，也被納入資料庫中，這也是數位媒介的優勢之一。

隨著資料庫的擴大，Mac OS版、Linux版和Windows版，也一一被開發出來操控這些組件。艾倫·史密斯開發的Bricksmith軟體 (http://bricksmith.source-forge.net/) 和LDraw的資料庫相容，但具有類似麥金塔電腦的精巧介面，讓玩家可以捲動組件的選單，並輕鬆地把組件拖曳到組合區、放在模型上。

在LDraw上完成製作的模型，可以輸出成透視圖，或是加上模型說明（利用凱文·克勞格（Kevin Clague）開發的軟體LPub自動產生），好讓模型可以真的被做出來。

由澳洲的軟體開發者麥可·列其曼（Michael Lachmann）開發的MLCad (http://mlcad.lm-software.com/)，是另一個使用LDraw資料庫的介面。如同前述的Bricksmith一般，這個軟體也有一個圖像介面，可以使用LDraw的積木組件。使用者從可以預覽積木形狀及相關組件的選單上，選擇所要積木。之後可以把積木拖曳到組合區，或是將其旋轉、翻動、上顏色，然後再加在模型上。4個不同的窗格，可以自行定義模型的顯示角度，只要簡單地將組件拖曳到該窗格，就可以輕鬆地將組件放到模型的背面或旁邊。MLCad和Windows相容，並且支援8種語言。

樂高數位設計師

不甘示弱的樂高集團，也推出了官方版的虛擬樂高軟體：「數位設計師」（Digital Designer；http://ldd.lego.com/）。被暱稱為LDD的這個軟體，可以在樂高網站上免費下載，有MAC OS和Windows版，內建1000種組件資料。和LDraw及MLCad一樣，使用者可以從選單中，拖曳積木，組合成虛擬模型。組合好的模型可以旋轉、翻動，可以組建成任何尺寸，並且輸出成完成圖，以便分享。

LDD有些特點，是玩家設計的軟體難以企及的。一來，LDD的組件是卡在螺柱榫頭上，比較接近真正建造模型的經驗。對於想要輸出和虛擬模型相關說明的玩家來說，LDD在線上模型組建時，將此一步驟同步化，讓玩家可以在動態環境中加以修改。更不用說LDD可以更輕易、忠實地重現積木、加進最新的組件，動作比LDraw的志願軍快多了。

更優秀的是，LDD還可以把使用者創建的虛擬模型，實體化為產品。「自行設計」（Design byMe）的服務，將虛擬模型所需要的組件打包、輸出模型組合指引，甚至讓玩家自行設計外包裝。這些組合雖然比樂高推出的市場產品組昂貴，但「自行設計」的組合更多元，也讓玩家可以購買其他玩家用LDD設計的成品。

所有玩家設計的CAD軟體功能，「樂高數位設計師」軟體都有，且更精緻。

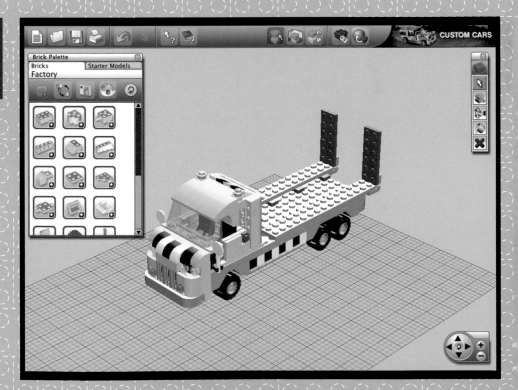

把積木變相素（PicToBrick）

PicToBrick (http://www.pictobrick.de/) 在眾家電腦輔助模型軟體中，提供了不同的角度。它並非協助使用者一片片地組建模型，而是將掃描的圖檔轉化為積木「相素」，用來製作影像的馬賽克模型。托比亞斯‧瑞奇林 (Tobias Reichling) 和亞卓里安‧舒茲 (Adrian Schutz) 還是德國齊根大學 (Siegen University) 的學生時，製作了這個軟體。運用演算法，幫助使用者選擇最接近的顏色，以及最符合的積木組件。因為人類的肉眼就是無法像電腦那樣，選擇最佳的顏色。「它會利用四圍的方格，並且能自動偵錯，」瑞奇林說道：「每個方格和相鄰的方格的顏色，是按照比例分配，以取得最佳化的品質。」程式設計者還植入了水彩或普普藝術風效果，以及不同的積木和平板積木指引，建議使用者可以選擇哪些組件，方可呈現出最佳的馬賽克效果。PicToBrick不單單只是個將數位影像轉化為小方塊色彩，它還為每個作品，選擇最佳的樂高組件組合。

想要創作自己的樂高馬賽克像？PicToBrick提供了最容易的入門方式。

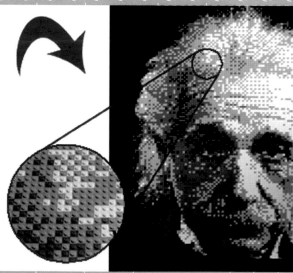

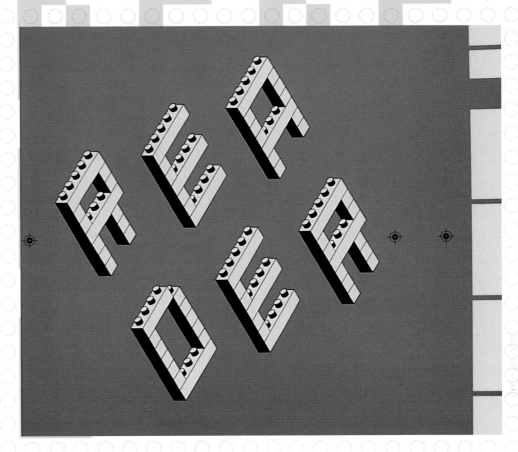

樂高字體
LEGO Font

當瑞士設計師烏爾斯·雷尼和拉斐爾·科赫看著樂高時,他們看見的是,一種等著被創造的字體。他們認為,樂高模組化的積木,既然可以輕易地構成汽車或房屋,當然構成字母也一定沒問題。所以,為何不把這種想法化為數位,變成一種字體呢?這兩位設計師於是設計了兩種不同、都是以樂高為靈感的字型,分別是「樂高AM」和「樂高PM」——基本上是以相同的概念,轉化不同的方向——並透過瑞士的字體製造商Linneto出售這兩種字體。

對於那些不想付字體授權費的人來說(價格為100瑞士法郎,約90美金),雷尼和科赫也提供了另一種選擇:「樂高字體製造機」(LEGO Font Creator*)。這個以網路為基礎,以Shockwave為基礎的應用程式,由烏爾斯的兄弟余爾格(Jurg)協助製作,讓使用者不用下載,就可以線上操作這種字型;還提供了許多樂高型式的物體。軟體產生的形狀,可以下載成向量圖檔,在Inkscape和Illustrato這類繪圖軟體中使用。

* LEGO Font Creator : http://www.lehni-trueb.ch/Lego+Font/

（對頁）安德魯・帕朗勃 (Andrew Plumb) 的3D積木可能騙不了人，但從圖檔輸出立體模型的技術，確實提供了許多有趣的可能性。

印製你的積木
Print-Your-Own Bricks

有了樂高組件資料庫，加上日漸普及的3D印表機，像是安德魯・帕朗勃這樣的玩家，現在大可以「印製」他們自己的「類樂高」(LEGO-like) 積木。帕朗勃來自渥太華的安大略省，他買了一台由MakerBot公司生產，型號為CupCake CNC的業餘3D印表機。他印製的首樣物件，就是一個由維也納的玩家菲利普・提凡巴契 (Philipp Tiefenbacher) 設計的2×4標準積木。做出的成品凹凸不平且脆弱，雖不是十分道地，但還是可以和樂高積木連接。

不甘於只是擔任印製的角色，帕朗勃很快就決定也來印製他自己的積木，用Google SketchUp製作了一個2×2的圓板積木。他用他的3D印表機輸出這個組件，並透過專業的模型服務機構Shapeways，將他的設計以塑膠和鋁青銅合金，製作成成品。

那麼，相較於樂高已成為傳奇的高品質來說，以MakerBot機器輸出的成品，品質如何？以目前來說，品質還不太好。這台印表機的原理是一層層鋪上塑膠，使之成形，而非塑造一個堅固的物體。「MakerBot印製的成品，和真的樂高一樣堅固，踩上去也一樣痛。」帕朗勃在訪問中表示：「因為製造的過程都是一層加一層，在螺柱的地方最脆弱，受到壓力時可能會折斷。」

雖然MakerBot和樂高都是用ABS塑膠射出成形，但3D印表機印製的成品，不論是在美觀或耐用程度上，就是沒辦法和樂高相比。以此推論，樂高集團有必要害怕這項新科技嗎？我們可以用樂高對上劣質品「大牌」積木的經驗，找出一些線索。就如同第1篇所述，樂高的專利已經過期，這讓競爭者可以生產和樂高相容的積木——只要他們不使用樂高的商業形象或版權。這項原則對於3D印製積木也適用。

帕朗勃對此也表示同意。「樂高的每項過期專利設計都很老派、而且是大量生產的產品，這讓製造和樂高相容積木的競爭對手有可乘之機。他們不會侵犯樂高的商標、售價較便宜，且在大多數我看過的例子中，品質也比較差。與此同時，樂高的品牌卻比以往更強大。」

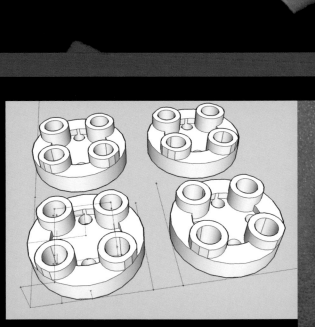

安德魯·帕朗勃用Google SketchUp設計「類樂高」組件,並用他的3D印表機印製成品。圖中為印製成品、樂高原版組件,以及專業輸出的成品對照。

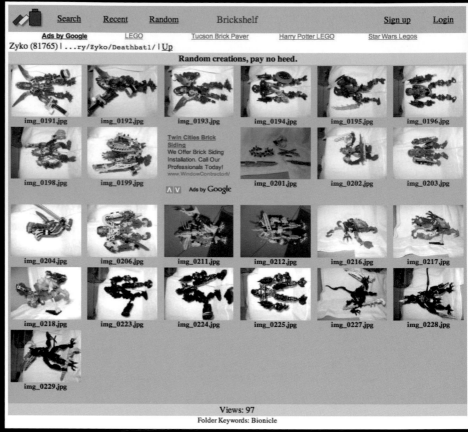

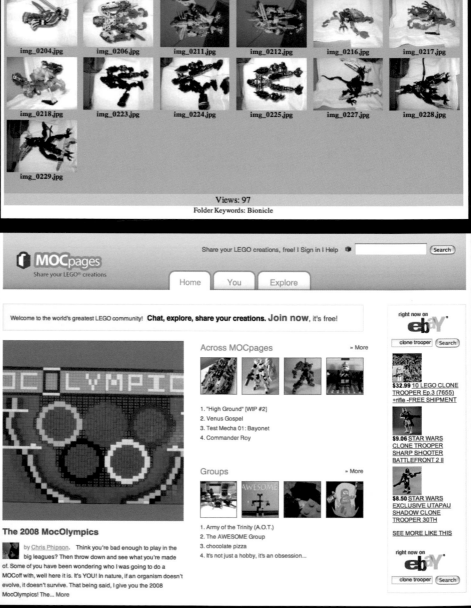

像Brickshelf（上圖）和 MOCpages.com（下圖）這樣的網站，讓相隔遙遠的玩家，可以互相分享作品，藉此凝聚玩家社群。

樂高玩家資源
LEGO Fan Resources

從LEGO CAD到3D印製，數位科技近幾年來突飛猛進。但也別忘了電腦和網路對於成人樂高愛好者來說，最重大的影響是：讓他們可以跨越遠距離，互相分享作品。

在網路的世界裡，玩家和其他人，可以在許多地方找到樂高作品。最大的樂高模型和玩家攝影作品的展示網站是：「積木櫃」(brickshelf)*，這是一個以樂高愛好者為主的免費影像分享網站。網站上有超過3000000張的模型、活動和玩家照片，儲存在超過200000個資料夾中。除了最新推出的模型組合照片，還有來自全世界各地的模型照。因此，積木櫃可說是一窺國際樂高玩家萬象最佳的捷徑。不過，這個網站只提供影像和標籤，若是需要加上說明或是評論，就要上別的網站，例如LUGNET*，這個網站則竭力標記世界上所有的樂高玩家團體。

* brickshelf : http://www.brickshelf.com/

* LUGNET : http://www.lugnet.com/

「積木櫃」因為成立的時間長，而成為最重要的玩家網站。由樂高玩家西恩‧肯尼創辦的MOCpages.com*，則是最大的第二代玩家作品網站，其流量已經超過「積木櫃」。MOCpages.com以社群功能為主，提供留言和群組等功能，讓玩家不只是炫耀模型，還可以互相討論。

不過對於一般的愛好者來說，還有介面更友善、更吸引人的網站。例如「積木兄弟」網站 (The Brothers Brick*)，以開放部落格的形式，呈現玩家圈中最佳的作品。「積木兄弟」的編輯們，每天都會精選出幾個在某些方面超群的模型。其他還有些網站不以美感經驗取勝，而專注於提供資訊。Peeron*網站專門找出各式各樣的樂高官方模型，並加以記錄，為各個組件拍照，並以PDF格式提供組裝指南。和Peeron相似的歐洲網站：Brickset*，則增加了部分功能，例如提供新聞摘要。

最後，維基百科的風行也促成了像「積木百科」(Brickipedia*) 這樣的網站興起，這個網站內容包含超過2500篇，關於各式各樣玩家議題的文章，範圍從冷僻的組件，到生化戰士的故事始末都有。哪個組合中可以找到達斯‧維達 (Darth Vader) 的人偶？「積木百科」可以告訴你。

*MOCpages.com網址：http://www.mocpages.com/

*The Brothers Brick，簡稱TBB。網址：http://www.brothers-brick.com/

*Peeron網址：http://www.peeron.com/

*Brickset網址：http://www.brickset.com/

*Brickipedia網址：http://lego.wikia.com/

樂高宇宙 LEGO Universe

「創作者」系列的電玩，讓玩家可以扮演樂高人偶的角色，不過這不過是隔靴搔癢而已。在「樂高宇宙」中，樂高集團更進一步，創造出一個多人線上角色扮演遊戲。這個遊戲的靈感來自Blizzard Entertainment公司推出的「魔獸世界」遊戲，這是個多人線上角色扮演遊戲，內容是一個戰士部族，在幻想的國度中作戰。

「樂高宇宙」的核心美學概念，呈現了一個沒有螺柱榫頭的大型自然地景，但有個絕妙的置入：將這些螺柱型狀轉化為舖設走道、橋樑，或是房屋。遊戲中也出現樂高組合的主題，例如其中有個場景是一個傳統日本庭園，還有個樂高忍者人偶當守衛。其他的場景還有樂高積木組成的怪獸、海盜船和夢幻的樹屋。

位於丹佛的NetDevil公司，主要負責建置這個遊戲系統。他們和樂高公司一起，從玩家社群中選出成員，和他們一起創造遊戲的內容，並加以測試。NetDevil公司負責創造遊戲的資源和宇宙本身，並邀請樂高迷，協助創造遊戲中的環境。一開始是用樂高積木建造房屋，後來則是使用虛擬元素。可以說，樂高迷對於玩具的外觀具有重大的影響。NetDevil在遊戲發展的過程中，也邀請當地的孩童試玩遊戲。「樂高宇宙」接近完成階段時，曾開放所有年紀和國籍的玩家參與測試。

不過，「樂高宇宙」的廣大範圍，也等同於巨大的挑戰。要創造一個讓玩家可以輕鬆地組建和分享模型的線上世界，談何容易。因此樂高世界預定上線的時間，整整往後延了3次。正如同大眾對樂高集團的期望，樂高宇宙被認為是適合兒童、溫和且有趣的。

遊戲中的故事描述一個被「黑漩渦」（Maelstrom）騷擾的世界，這種類似蜘蛛的黑暗幻想生物，會將牠的受害人變成一種叫做「死壯鄰」（Stromlings）的殭屍。和黑漩渦的陰謀為敵的樂高人偶派，一邊和黑漩渦作戰，一邊累積寶物。每個樂高宇宙的玩家，都可以自行選擇一個人偶分身，以及專屬於他的獨特裝扮、武器和資源。在其他的多人線上角色扮演遊戲中，玩家藉著獲取遊戲經驗值而過關；但樂高宇宙不同的是，用配備來決定玩家是否晉級。玩家可以藉著出任務、解決謎題或在作戰中打怪，來取得更好的裝備，讓角色升級。打敗壞蛋就可以為玩家贏得金幣和想像力之珠。玩家可以用金幣來為人偶購買工具和武器，想像力之珠則在以樂高積木構築建物時使用。

從樂高集團在線上遊戲領域的創新，以及對電玩市場的長期發展承諾，可以看出，這家公司渴望在核心產品之外擴展市場，並擁抱這種最新的創作方式。

（上左）玩家在旅程中會找到許多寶物，他們可以在商店中販賣這些寶物，或是拿來和其他玩家交換。

（下左）雖然是個成立不久的多人線上角色扮演遊戲，樂高宇宙裡面還是有多重世界，玩家可以在這些不同的領域中，搭乘多樣的載具旅行。

（上右）樂高宇宙遊戲中，有很多以正宗樂高積木組成建物的內容，充分反應遊戲的根源。

（下右）戰鬥也是遊戲的一環。玩家角色的主要敵人是叫做「死壯鄰」的黑暗生物。

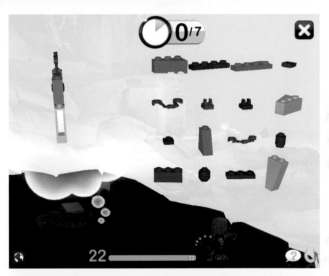

Avant Gardens

Nexus Tower World Map

Nexus Tower is your launching point to Crux Prime and new adventures to come!

LEGO Robotics:
Building Smart Models
10 樂高機器人：
建構聰明模型

在本篇中,我們看見,樂高集團勇猛地將觸角延伸至電玩及電腦遊戲,利用數位產品攻入另一群市場;這些消費者覺得坐在沙發上,用控制器組建模型,比起用塑膠積木來得容易多了。在同一個脈絡下,這家公司向來精於擴展機器人產品,並將機器人視為樂高模型產品理所當然的衍生產物。但樂高的作法並非只是單純地將樂高積木「機器人化」,而是重新定義其核心產品線,並且不以現有的積木為首要元素——對於一家仰賴積木維生的公司來說,此舉可說相當大膽。

近年來,樂高集團曾推出各式各樣的機器人產品,其中許多只出現一年旋即消失,而被視為是失敗的產品;但其中也有1個產品,最終成為耀眼的明星商品,那就是【動腦】系列。【動腦】很快就成為樂高機器人產品線的核心,自推出以來,10年內賣出超過1000000組。

(下頁)樂高【動腦】系列是個機器人系統,雖然和樂高核心產品線完全切割,但絲毫無損於它的卓越成功。

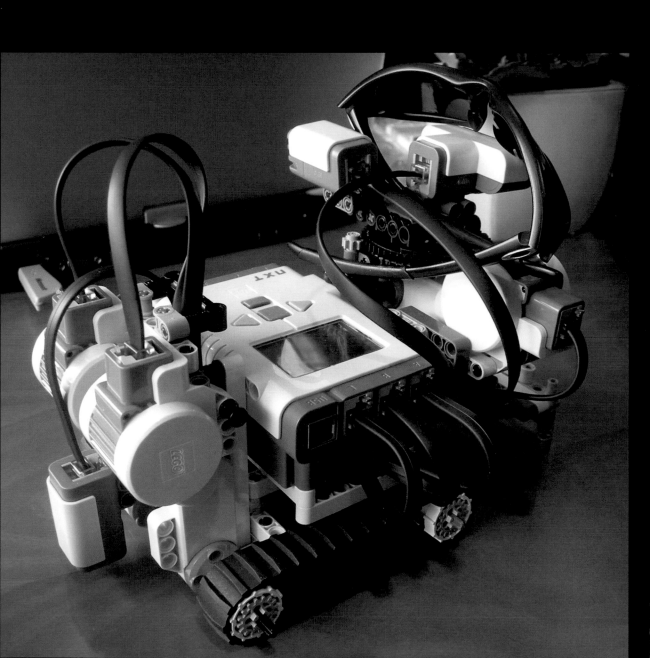

動腦系列 **MINDSTORMS**

雖然近幾年來樂高集團推出了一些機器人組合，但其中只有一個組合舉足輕重：【樂高動腦】，它是個完整的機器人套裝組合。

　　樂高集團於1998年首次推出【動腦】，並稱之為「動腦機器人創新系統」（MINDSTORMS Robotics Invention System）。這個產品的核心是一個稱為RCX的組件，它是一個能讓使用者撰寫控制程式的微控制器，外表並覆以樂高螺柱。

　　到了2006年，【動腦】變成【動腦NXT】，這個產品的核心，變成更強大的NXT組件。在2009年，【動腦

NXT】又經歷一次升級，這次產品上市的同時，樂高還舉辦了盛大的玩家活動，並稱新產品為「動腦NXT 2.0」。（雖然有批評者評論道：稱之為1.2還差不多。）

　　【動腦】已經成為樂高有史以來，最成功的單一產品。【動腦】有自己的年會和競賽、技術書籍和組建指南，還有大批的成人愛好者。毫無疑問，這個產品讓樂高的市場擴及到只對機器人有興趣、對其它樂高卻一點興趣也沒有的人。或許最重要的一點是：【動腦】讓新手玩家和不熟科技的人，也可以接觸功能強大的機器人。這個組合的組件內容，如下所述。

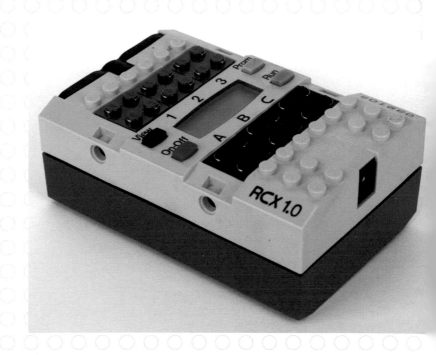

（上）樂高集團蔚為風潮的成功產品：【動腦】的最新版「NXT 2.0」，組合內含：數個傳感器、數個電動機、一個微控制器，還有足夠的【創意大師】組件，讓使用者可以組合成各式各樣的模型。

（右）最初的【動腦】智能組件RCX，同時附有創意大師和標準積木的榫接頭，便於玩家把此組件與他們的模型結合。

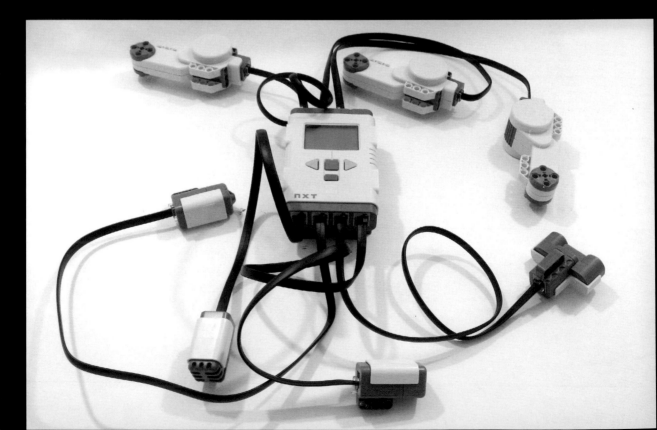

創意大師組件 (TECHNIC Elements)

在NXT組合中,非機器部分的組件,幾乎都由【創意大師】包辦。標準積木的螺柱榫接系統,已經不足以應付讓模型自行動作所需要的強度,會導致模型四分五裂。利用多種插銷和鎖頭的創意大師組件所組合的模型,容易搬運且鮮少自行解體,至少和標準積木比起來堅固多了。更重要的是,【創意大師】提供了建造機器人所需要的機械功能。從最明顯的差別來說,【創意大師】有各式各樣的齒輪、皮帶還有轉軸,都可以用來組合成可以做出活動、抓取、抬舉……等各式各樣機器人動作的模型。

NXT智慧組件

【創意大師】組件,誠然是【動腦】組合中重要的一環,但這個組合中最重要的組件,自然非NXT組件莫屬。這個以電池驅動的微處理器,有輸入及輸出埠、藍牙連線,還有按鍵能用來接收各式各樣的感應器資料、傳送命令至機器人的伺服機,以控制動作。

使用簡單拖放介面的程式撰寫軟體NXT-G,讓幾乎所有人都能撰寫NXT控制程式。利用NXT組件組合的模型,可以被設定依循簡單的指令、對刺激做出反應,而後自行產生動作。許多第三方的公司,開發出其它的外加模組,這些模組從加速度傳感器到紅外線傳感器都有,讓這個原本豐富的系統更如虎添翼。NXT組件上,附有和創意大師組件相容的孔洞,讓它和其餘創意大師組件一樣,可以組成模型的一部分。

當機器人組合完畢後,玩家可以將NXT組件和電腦連線,用以傳送控制程式。

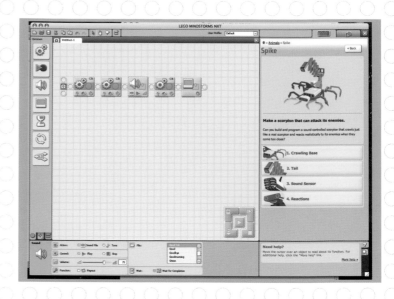

NXT-G

NXT-G是進入程式撰寫領域的簡易入門，不過許多專家級的玩家，都會另尋更有力的替代品，為積木撰寫程式。例如使用多樣語法的程式語言NeXT Byte Codes (NBC)、或是使用強大的C語言的變種語法的Not eXactly C (NXC) 和RobotC。

傳感器和驅動器 （Sensors and Actuators）

NXT組件是機器人的大腦，是各種不同機器人功能模組之間的中介。這些模組從驅動齒輪的伺服機到能區別亮暗的光傳感器不等，提供了系統中的實際功能。

　　雖然NXT組件內，已經包含了許多【創意大師】系列的經典傳感器，還是有些獨立的公司提供他們自製的模組，更進一步擴充系統的可能性，像是感測溫度的模組、RFID（譯按：無限射頻傳輸技術，悠遊卡的感應器即為此類）、紅外線等等。

　　舉例來說，HiTechnic公司就生產一系列和【動腦】相容的模組，包括陀螺儀傳感器，這個模組內建一個陀螺儀，當機器人傾斜時，就會通知NXT組件。這個模組協助玩家組建在通過崎嶇地形時，可以自行取得平衡的機器人。另一個碰觸傳感器多工模組，可以讓玩家在原本NXT組件容許的最多四個傳器之外，在機器人中額外增加更多的碰觸感應器。

其他機器人產品

Robotics Also-Rans

雖然【動腦】是最受歡迎的機器人組合，樂高集團這
幾年還是推出過幾個其它類型的機器人產品。其中
許多是相當好的產品，但就是不知哪裡出了錯。以下
是其中一些佼佼者。

間諜機器人（Spybotics）

「間諜機器人」是簡化版的樂高機器人，目標族群是
較為年輕的消費群。利用光線和碰觸傳感器，讓兒童
用來組合可以達成某些「任務」，例如跨越障礙或抓
取物件的機器人。樂高集團讓玩家可以下載新的「任
務」，並透過網路上傳他們的成績。但這系列前後只
推出4個模型，且產品線從未嚐過佳績。

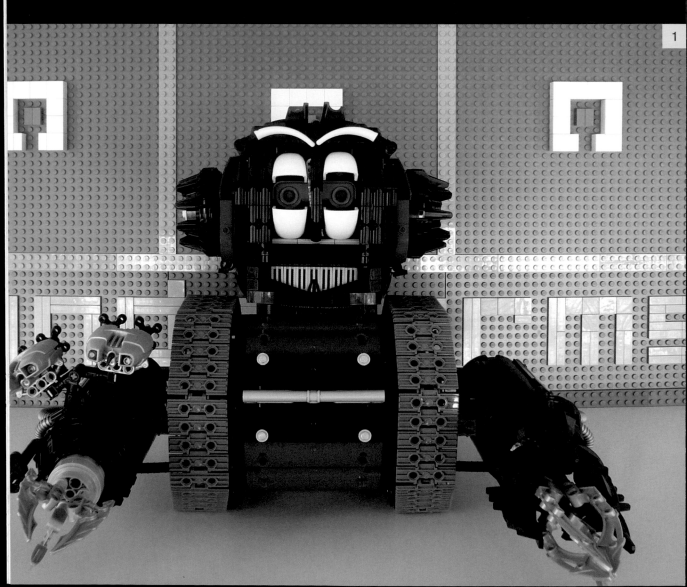

1.NeXTSTORM的跳舞機器人會眨眼睛、點頭，在他自己的音樂錄影帶中獨挑大樑。

2.想來點薯片嗎？這台動腦機器人自動販賣機可以賣你一袋。

3.菲利普 (Philo) 的3D掃瞄機，使用反射的雷射光，計算一個立體物體的向量。

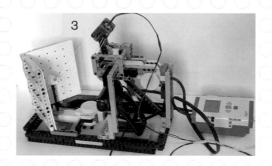

3

3D掃瞄機

法國電機工程師菲利普·賀班 (Philippe Hurbain*) 替LDraw的資料庫貢獻了許許多多的組件資料，這個資料庫的內容是樂高組件的數位資訊。但當他想要建立某些奇形怪狀的組件資料時，卻遇上了困難。他的解決之道，是建立一個可以算出組件輪廓的動腦機器人，這個機器人有雷射光，還有一個相連的簡單機組，用來轉動被掃描的物體，還有一台網路攝影機感應反射光。掃描的結果會傳送到相連的筆記型電腦上，因為NXT組件無法儲存這麼大量的資料。

*Philippe Hurbain網址：http://www.philohome.com/scan3dlaser/scan3dlaser.htm

3it3ot：跳舞機器人

住在希臘雅典的瓦西利斯·克理善塔可波洛斯 (Vassilis Chryssanthakopoulos*)，他用「動腦」、「電能」和其他第三方公司的組件，組合成這個結構緊湊的機器人。裡面包含8個伺服機、1個HiTechnic出產的IRLink、3個聲音傳感器，還有1個超音波傳感器。這台3it3ot (讀音『畢啵』) 機器人在一支音樂錄影帶中展現它的舞藝，這支錄影帶中還包含了作者的原創舞曲和複雜的視覺效果。

*Vassilis Chryssanthakopoulos：其實樂高迷們都叫他「NeXTSTORM」。他的網站：http://web.me.com/NeXTSTORM/NeXTSTORM/Welcome.html

自動販賣機 (Vending Machine*)

葡萄牙樂高迷瑞卡多·奧利維拉 (Ricardo Oliveira) 的「動腦」自動販賣機有13種不同的商品，包括罐裝汽水、袋裝洋芋片，還有糖果。它可以接受歐元，還可以找零。用2個RCX組件，控制8個伺服機。

*Vending Machine：http://www.brickshelf.com/cgi-bin/gallery.cgi?f=229618)

2

1.史蒂芬·海森博格 (Steve Hassenplug) 的巨型西洋棋組,有32個各自獨立控制的棋子,可以自動下棋。

2.這台用動腦組成的機器人,在將複雜的運算過程交由筆記型電腦接手,以解開數獨謎題之後,會自動翻開下一頁。

3.-4.法蘭克·耐斯 (Frank de Nijs) 製作具有完整功能的保險箱 (除了不是非常堅固之外),具有三百零五億種不同的密碼組合。

怪獸西洋棋 (Monster Chess Set*)

史蒂芬·海森博格和他的團隊,用100000片樂高組件,製作了這個巨大的西洋棋組。每個棋子都有一個顏色傳感器、伺服機,還有1個NXT組件。這個棋組可以自動重現經典棋局、自動下棋,或是以1人模式或2人模式操作。用一台筆記型電腦運作西洋棋程式,並以藍牙訊號傳送指令,控制這些棋子的32個NXT組件。

*Monster Chess Set網址 : http://www.teamhassenplug.org/monsterchess/

數獨破解機 (Sudoku Solver*)

荷蘭工程師維托·凡·瑞文 (Vital van Reeven) 的機器人拿著一本數獨,掃描第一頁,然後將影像傳送至附近的電腦,讓電腦解謎。接著這台破解機會自動翻到下一頁,解開另一個數獨謎題。

* Sudoku Solver 網址 : http://www.youtube.com/watch?v=ReRSCSrtr58

保險箱 (Safe*)

法蘭克·耐斯 (Frank de Nijs) 的樂高保險箱,雖然不是保管你的財物最好的解決之道,但它確實是個功能完整、巧妙出奇的模型保險箱。要打開它,必須輸入5組兩位數的密碼,這等於有305億種排列組合。它內建一個加速度觸發的警鈴,若是保險箱被移動,就會發出聲音警示。還有一個若輸入正確密碼會自動打開的電動門。

*Safe 網址 : http://www.bouwvoorbeelden.nl/home_eng.htm

1

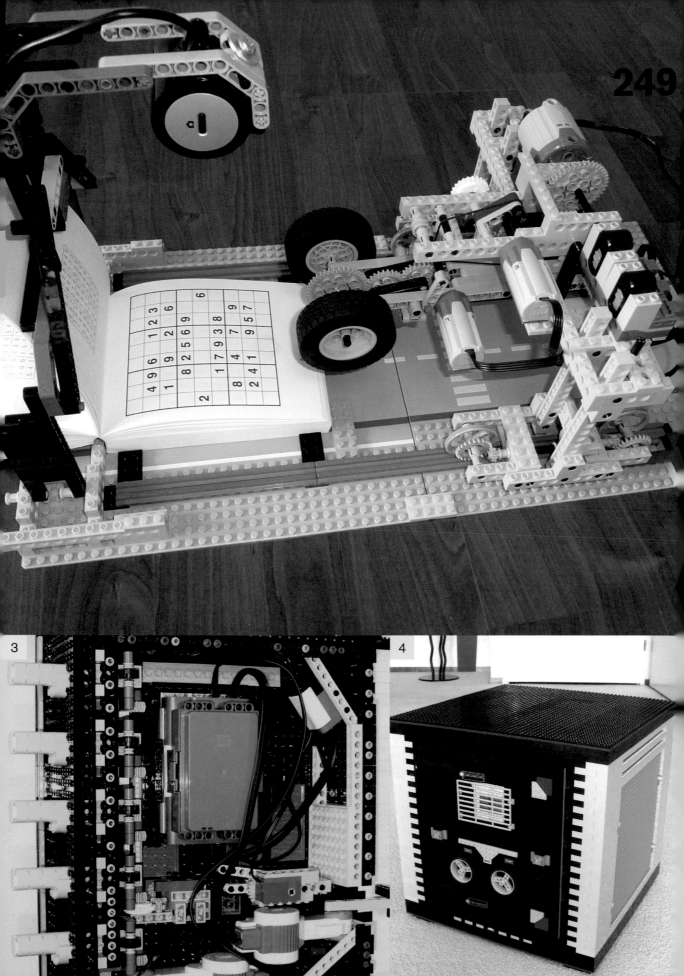

1.有什麼材料,會比樂高更適合用來再現一台原始的電腦?

2.這台由RCX組件控制的「屏風式四子棋」(Four player) 遊戲機器人,在遊戲中有九成的勝率。

3.藍牙奇異果 (BlueToothKiwi) 製作的SPIT機器人,漂浮在 游泳池上,噴灑殺蟲劑。

4.威爾‧高曼 (Will Gorman) 的樂高印製機,會用它的積木 匣中的積木,組合成簡單的模型。

圖靈機 (Turing Machine*)

就像查爾斯·巴貝奇 (Charles Babbage) 的「差分機」(Difference Engine) 一般 (將於第12篇中詳述)，1930年代由數艾倫·圖靈 (Alan Turing) 製作的圖靈機，運作方式如同原始的電腦，甚至可以將資料儲存在紙帶上。蒙特利爾大學 (University of Montreal) 的認知科學教授丹尼斯·柏陵 (Denis Cousineau)，製作了一台仿效圖靈機的樂高機器人，不過他使用堆疊黑色和白色的樂高組件來替代紙帶。光傳感器會分辨這兩種顏色的不同，並藉此分配每疊積木不同的數值。

* Turing Machine網址：http://tinyurl.com/turing1

屏風式四子棋遊戲機器人 (Connect Four Playing Robot)

史蒂芬·海森博格 (Steve Hassenplug) 的機器人叫做「完全接觸」(Full Contact)，它有條有理地掃描屏風式四子棋的遊戲板，算出一個策略，然後執行。「完全接觸」有九成的勝率，可以和其他的機器人或人類對奕。

泳池小蟲終結者 (Swimming Pool Insect Terminator，簡稱SPIT)

紐西蘭的樂高3人組合：藍牙奇異果 (BlueToothKiwi) 設計了一個機器人，用來對付惱人的問題：漂浮在游泳池表面的耐氯昆蟲。他們的解決之道是，1個配備1罐溫和殺蟲劑，還可以漂浮的機器人。SPIT使用創意大師的輪胎為浮板，1個光傳感器用來偵測昆蟲群，1個伺服機用來做噴灑的動作，另外還有1支樂圈，用來讓小蟲的屍體下沉，好讓泳池的過濾系統處理牠們。

樂高模型製造機 (LegoMakerBot)

威爾·高曼 (Will Gorman) 的樂高製造機是一台會組合出其他樂高模型的機器人。它會從重力充填式的積木匣中取出積木，積木匣中有5種不同的積木，每種積木各有35片。它運作的方式是利用電腦程式，掃描MLCAD積木設計圖檔 (參見第9篇)，並決定組合的方式，據此將指令傳送到機器人上，再由機器人執行模型組合。樂高模型製造機有3個NXT組件，還有9個伺服機，用來從積木匣中取出正確的積木，並放在正確的位置上。

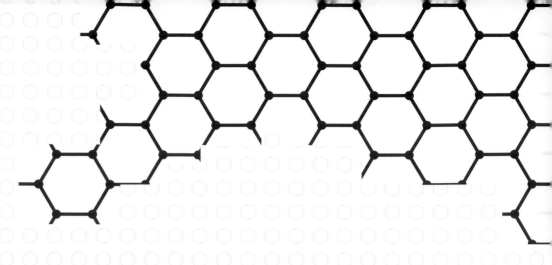

弗斯特樂高盃

FIRST LEGO League

1998年，樂高集團協助「弗斯特樂高盃」(簡稱FLL) 的成立，這是一個使用樂高動腦產品的機器人競賽。弗斯特樂高盃參賽團隊，由9~14歲的學童組成，他們用動腦產品組合成機器人，包含NXT組件、伺服機以及傳感器。他們設計的機器人可以完成某些挑戰，例如會收集某樣物品，或是沿著路徑行進。這些機器人必須自主動作，如果在行進過程中團隊碰觸機器人，將會遭到扣分。

弗斯特樂高盃的本質不只是個競賽而已，它還傳遞了團隊合作、堅持到底，以及運動家精神的原則。自從創辦以來，這項競賽規模已經逐年壯大，將近有140000名世界各地的學生參加。這些學生來自50個國家、組成13000個團隊。在競賽的最高潮：「弗斯特樂高盃世界大會」中，每個活動都可能同時有數十個團隊參與。

對樂高集團來說，弗斯特樂高盃的活動，對他們的產品來說，是絕佳的公關宣傳，更大力推動了動腦產品的銷售。因為在組隊或個人參賽的過程中，無論是學校或團體，都會大量接觸動腦的產品資訊。同時，樂高對於FLL活動的贊助，也讓數千個孩童可以接觸到科技的概念，若沒有弗斯特樂高盃，這些孩子也許沒有機會探索此領域。換句話說，這是個創造多贏的活動！

弗斯特樂高盃的參賽者，正在微調一具機器
人，呈現出這個活動常見的緊張感。

團隊成員們正在觀察，一具弗斯特樂高盃機器人，在練習桌上運轉的情形。

樂高年會從玩家之間的小型聚會，發展至今已經過不少歷程。

HELLO
哈囉你好

2008年，樂高積木歡慶50歲生日；相較之下，成人樂高愛好者集會的歷史，卻還沒有這麼悠久。第一個集會大約在1990年中期舉辦，當時是小型的活動，舉辦的地點比較像是在某人家中，而非在公共場所。然而幾年下來，年會的數量、品質以及人數，都以倍數成長。2009年，在芝加哥舉辦的「積木世界」(Brickworld) 大會，不僅吸引上百名付費的參加者進場，連樂高集團的老闆可秋·科克·克里斯欽森都親自出席。樂高愛好者從世界各個角落趕來，共聚一堂，分享創意並展現他們最新的創作。

為何成人樂高迷們，過了這麼久才開始首次的集會？畢竟，樂高集團一直都有自行舉辦官方活動；例如「樂高卡車遊和想像力慶典」(LEGO Truck Tours and Imagination Celebrations) 等，內容包含大師級模型作品的巡迴展覽和展示。不過，樂高官方支持的活動都是以孩童為對象，而非成人。大人們也是需要來點樂子的。

透過網路分享模型照片是很開心沒錯，但有什麼比
得上親眼看到巨型的模型，更讓人透不過氣來？

一切始於網路
The Online Beginnings

1994年，一個針對樂高嗜好的線上新聞群組：「樂高玩家團體網」（LEGO Users Group Network，簡稱LUGNET），在當時還很新穎的網路上發軔。隨著它的問世，全球的樂高愛好者們，終於可以彼此聯繫和溝通了。

北美第一次有記錄的樂高愛好者集會，是在1995年8月，於伊利諾州的芝加哥舉行。被稱為「樂高慶典」前身的這個集會，是由可琳·凱莉（Colleen Kelly，她在網路上的身分是：樂高恐懼女神—米娜斯·凱莉【Minx Kelly】），經由rec.toys.lego的線上群組所發起。此次活動大約有20位同好參加。下一次名為「樂高慶典」的集會，於隔年，也就是1996年，在英國溫莎的樂高樂園舉行。這些都是小型的集會，但之後即成為更大型活動的開端。

樂高玩家團體
LEGO Users Groups (LUGs)

到了1990年代末期，樂高玩家團體開始在北美和歐洲增長，並蓬勃發展。在1970～80年代，隨著個人電腦的革新，電腦文化愛好者的玩家團體也隨之興起，他們會在圖書館或學院的會議室聚會，分享他們的實驗和經驗。樂高玩家團體基本上也此種模式，這些樂高玩家團體，基本上可以說是某種樂高俱樂部，但有別於樂高集團官方支持、以兒童為主要目標的樂高俱樂部。

大多數的樂高玩家團體是以地域為劃分，例如「灣區玩家團體」（舊金山灣區）、「大華盛頓玩家團體」（華盛頓特區及其都會區），以及「新英格蘭玩家團體」等等。他們在對公眾開放的場所舉行定期集會，讓玩家可以互相交換組件、合作組成模型，並且討論模型技巧。有些團體會以特定的主題或模型特色為主軸，例如「玩家瘋子」（LUGNuts）是以汽車模型為主，還有「國際樂高火車俱樂部協會」（International LEGO Train Club Organization，簡稱ILTCO）則會在美國的國家火車展中，展出大量的樂高火車模型。玩家團體常會利用網路，來分享模型，並吸引新成員。

一般來說，大多數樂高玩家團體的在地性，讓玩家容易彼此見面；但沒有什麼集會可以比得上終極樂高迷聚會：全國樂高年會。

（上）奧勒岡州波特蘭的「波特蘭玩家團體」，創始成員們。

（中）明尼亞波里市和聖保羅市組成的「雙城玩家團體」。

（下）並非每個玩家團體都是地域性的，「隊長玩家團體」（ChiefLUG）的成員都是萊恩·伍德（前排中）的朋友或仰慕者，伍德在2008年的樂高年會中，組織了「星際大爭霸」主題展覽。

樂高年會的發展

LEGO Conventions Come of Age

從樂高年會早期的發展中，我們可以看出一種傾向，即是原本小型、分散的聚會，逐漸演變成更大型、更具有野心的活動。1995年，小型的「樂高慶典」（LEGOFest）前身活動在芝加哥舉行；1996年，「樂高慶典」就改在英國溫莎的樂高樂園舉辦。到了1997年，加拿大一個機器人俱樂部rtlToronto，就開始舉辦使用樂高動腦RCX組件的年度集會。

RCX組件也是首次「動腦慶典」的主角。這個教育性質的研討會及機器人技術會議，1999年由位在麻塞諸塞州劍橋市的「麻塞諸塞科技學院」（Massachusetts Institute of Technology）首次舉辦。「動腦慶典」的組織者之一，也是「樂高玩家團體網」的創辦人之一：蘇珊娜・瑞奇（Suzanne Rich），邀請成人樂高玩家和玩家團體網的成員，參與此聚會並分享他們的作品。有超過300人參加這個活動，其中包括老師、小朋友、歐洲和美國的樂高員工，還有其他的玩家。可以說，「動腦慶典」為樂高玩家的聚會，立下了新的標準。

但沒有什麼聚會能比得上「積木大會」（Brick-Fest）。「積木大會」是克里斯汀娜・希區考克（Christina Hitchcock）的心血結晶，2000年首度在維吉尼亞州的阿靈頓舉辦，也是第一次針對樂高愛好者舉辦的年會。會中有針對樂高愛好者關心的議題舉辦的研討會，由樂高員工主講，並接受聽眾發問。模型玩家有地方可以展示他們的作品，經由玩家團體網認識的網友，也可以有機會彼此見面。對於初入門的玩家來說，有許多最棒的玩家參與的積木大會，是個絕佳的入門之道。

「積木大會」成為美國東岸最主要的玩家活動。2002年，於加州卡爾斯巴德的樂高樂園，首次舉辦的「西岸積木大會」（BricksWest），也要感謝積木大會的主辦單位。透過積木大會主辦單位的協助，「西岸積木大會」也受到樂高集團的認可及贊助。活動中展示的模型作品以及未來將完成的作品計畫，讓西岸積木大會成為玩家的朝聖地，也讓樂高集團有會接觸玩家社群，並向他們表達感謝之意。

樂高玩家活動在2003年西岸積木大會舉辦時，略微受阻。應付給相關廠商及活動場地的款項未被支付，大會主辦單位人員隨後從活動現場人間蒸發。結果是，2004年西岸積木活動停止舉辦，取而代之的是當年積木大會，同時在維吉尼亞和奧勒岡舉辦（奧勒岡的稱為BrickFestPDX）。此外西岸的玩家也可以參加樂高年會，這個年會自2002年起，每年都在西雅圖舉辦。

數千名一般的愛好者，參加2009年的樂高年會，只為了一睹精采的模型。

（左）參與年會的模型涵蓋了各種不同的主題和創意，圖中的模型是星際主題的「抓娃娃」（claw）遊戲。

（右）馬克·桑德林（Mark Sandlin）的「聖戰士」模型，贏得具有經驗的玩家和一般玩家的一致好評。

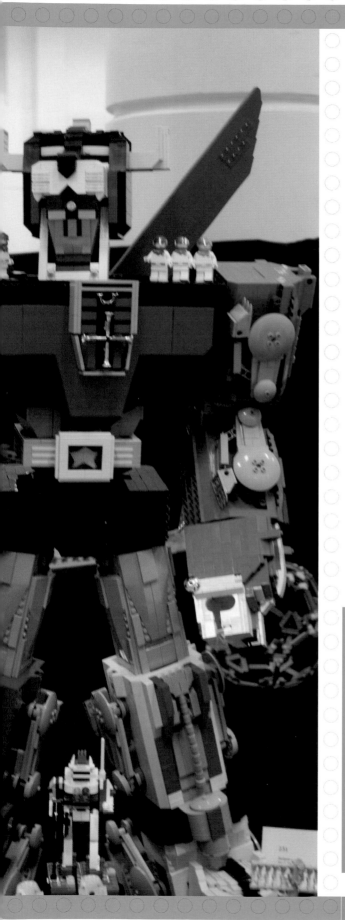

樂高年會也開始迅速在世界各地擴散開來。2001年，「樂高世界」活動首次在荷蘭茲沃勒舉辦，這次活動和其他的不同，因為這次樂高集團也是活動主辦單位之一。活動中展出新的樂高組合，樂高員工和來賓齊聚一堂。樂高組合的設計師讓觀眾搶先一窺即將上市的組合，還召集當地的玩家團體成員，擔任活動工作人員。2002年，「千石地」（1000steine-Land，簡稱TSL）首次在德國柏林舉行，旋即成為德國樂高愛好者主要的大型活動。同樣在2002年，名為LMO Japan的年度休閒集會活動在日本首次舉辦，樂高愛好者可以在此聚會用餐，並分享他們的軍事主題模型。

到了20世紀末，美國共有4個年會（積木世界【Brickworld】、積木活動【BrickFair】、積木年會【BrickCon】，和積木慶典【BrickFest】），每場皆吸引上百位參與者，和上千名一般觀眾。2010年「灣岸積木大會」（Bricks by the Bay）在加州首度舉辦，這也是自2002年的「西岸積木」大會之後，首度在加州舉辦的玩家活動。放眼世界，如今在德國、法國、丹麥、荷蘭、葡萄牙、俄羅斯、澳洲和義大利等地，都有舉行樂高活動；而在日本、波蘭、台灣和香港的玩家社團，也持續不斷地發展。

樂高商標權

為何早期的活動名稱中會使用「樂高」，而晚近的活動則使用「積木」？正如同許多公司一樣，樂高也保護其商標權。當樂高愛好者的集會僅限數十名玩家參與時，樂高可以忽略這些小型活動，讓成人玩家們去展示他們的作品。不過，當這些活動和年會規模變大時，樂高就開始注意到未經授權使用樂高字樣，所帶來的風險。這些年會的折衷辦法，就是使用大家認知的「積木」一詞，這個詞彙在玩家圈中，同樣意指為樂高。

年會活動內容
Convention Activities

樂高同好年會，和其他的各種年會類似，有討論、演講、座談，有主講者，還有商家。但和某些同好年會不同的是，樂高年會中的服裝造型，以及幾乎所有的東西，都會和樂高有關。

在美國，典型的年會場地會區分為展示區和晤談區。向大眾開放的日子，可以為活動主辦單位和商家帶來收益。活動的開支僅由商家註冊費和大眾門票的收入支應，因此可以想見，財務的風險相當高。佈置一個活動會場可能花費上萬美金，商家註冊費僅能補貼一部分的支出。

對於參加者來說，年會讓他們有機會認識新朋友、並和老朋友聚首。雖然大多數的時候，組建樂高模型是一項孤獨的奮戰，但玩家還是有很多話可以談，例如模型技巧、作品計畫，還有有關樂高的一切。

（上）愛好者們在2009年的「積木世界」大會中，聆聽一場演講。

（對頁）沒有聽演講的時候，參加年會的人就展示他們的模型。

　　在年會中舉辦的模型主題圓桌討論，對該主題感興趣的玩家們聚在一起，討論模型想法。有些時候，一個合作模型就這樣開始了。舉例來說，在2003年的「積木慶典」上，一群太空主題玩家就發展出一套模組標準，用來合作建造一個月球基地。這是個重要的發展，因為模組化讓玩家可以各自組合，最後再拼接成一個大模型。【城堡】系列和【小鎮】系列的玩家，也會組合小一點的模組。（火車主題的玩家有自己的合作模組規則，但基本上他們依循小鎮主題的標準，或是由各個火車迷社團自行設定標準）。偏好機械作用的【創意大師】玩家們，設計了一套適用於「大滾球機」(Great Ball Contraption) 的起點和終點的標準；這套滾球機裡，樂高製的高爾夫球會在一個模組中從A點滾到B點，然後滾進下一個模組，如此一直繼續下去。

　　樂高年會中，最令參與玩家享受的一部分，就是可以向喜愛樂高、但沒那麼專業的愛好者們，炫耀他們的作品。大部分的活動都有向公眾開放的時間，任何人都可以付少許門票費用，入場近距離參觀模型並拍照。公開展示期間，是吸引新的模型玩家的絕佳時機，或是讓人單純地沉浸在對大師級作品的崇仰中。

　　不過對於樂高玩家來說，整場年會的高潮，在於專題演講，以及樂高集團發表的公開聲明。樂高集團的代表，會針對即將上市的組合發表談話，有時聲明中還有更多其他的內容。現在樂高集團會利用年會期間，向參與的玩家及一般大眾，揭示他們的新產品，並展示即將上市的組合。這是個多贏的策略，因為人們可以一窺尚未上市的產品，樂高集團也可以藉此針對一般市場做些調查。

在樂高年會會場外，玩家們聚集互相交流。

積木幫 Brick Cliques

打從跨進年會的那一刻開始，玩家的社交行動就展開了。新手玩家很快就會和比較資深的參與者成為朋友，大多數的玩家，也會和喜愛相同主題的其他玩家打成一片。於是乎，有一種友善但緊張的氣氛，在不同的主題團體之間產生。最明顯的是【小鎮】系列、【火車】系列和【太空】系列的玩家。這種緊張的氣氛，有時會演變成一種特別的形式還有……玩家會入侵其他玩家的模型！這種舉動的結果通常很搞笑，例如說，在城堡的場景中突然出現太空船和機器人。城堡的玩家當然也不甘示弱，出動騎士、馬，還有……羊 (！)，攻佔太空場景。這些攻擊和反擊常以一天為週期，通通純粹是為了好玩。

等到晚上年會打烊時，真正的社交活動於焉展開，且通常都是在當地的酒吧舉行。對很多人來說，年會是他們和那些平常只在網路上聯繫的朋友們，可以真正見面的唯一場合。

歐洲的年會活動也和美國的差不多，但氣氛輕鬆多了。大多數的聚會都有一種同學會或家族聚會的氣氛，每個人都互相認識。活動會在許多不同類型的場地舉辦，像是社區中心、教堂，或是購物中心內。晚餐就是團體活動時間，每個人都會聚集在同一家餐廳用餐。相反地，美國的成人玩家就傾向於和自己的小團體一起用餐。

不過所有的這些活動都有同樣的主軸：讓樂高迷可以聚在一起，並彼此學習。因著這項嗜好的國際化，現在有很多樂高愛好者，會出國去參加年會，儘管有文化或語言的障礙，但由於對樂高共通的熱愛，讓玩家們可以克服這些阻礙。同時，也有些歐洲的活動開始參考美國的作法。2010年，在英國曼徹斯特舉辦了一個新的年會：「阿福會」（AFOLcon），會中有專屬於阿福們的日子，接著才是向一般大眾開放的日子。隨著樂高社群的演化，社群之間連結也越來越緊密。

幾乎每個孩子都愛玩樂高，但自閉症的孩子，從樂高中學會的，不單單只是堆積木而已。

自閉症
Autism Therapy

到目前為止，本書中介紹過各式各樣建造樂高模型的動機。玩家可能視自己的模型為一種藝術，和畫在畫布上的油畫、大理石的雕刻沒有兩樣。有些玩家則想要再現知名的建築物，或是組一個超級大的模型，用來打破世界紀錄。有很多人單純地把樂高當做玩具，唯獨有了上述的動機，才會讓普通人成為玩家。

不過，有些玩家是以更嚴肅的角度看待樂高。對他們來說，樂高可以用來幫助人們、教育孩子、實現新創意，或是用來幫他們的公司賣出更多的產品。樂高已經不只是玩具了，它還具有影響生活的重大地位，變成重要的樂高、嚴肅的樂高。

大多數的孩子都喜歡玩樂高，但對某些孩子來說，玩積木具有更重大的意義：可以幫助他們學習，如如何和其他的孩子相處。

自閉症的孩子，苦於缺乏和其他孩子互動的能力，這種缺陷，無法藉由強迫孩子參與社交場合而得到解決。自閉症的孩子，必須經由誘導，參與這些重要的互動過程，才能讓他們從中學習其他孩子自然而然就發展出的社交能力。還有什麼辦法，會比讓他們參與自己最拿手的強項活動，更適合用來鼓勵他們，挑戰自己最大的弱點呢？

「讓我們正視一個事實吧，玩樂高本身就是很酷。」一個自閉症孩子的父親：崔伊・迪桑諾 (Troy DeShano) 在他的部落格*中寫道：「和其他的活動比起來，父母親不太需要大力說服孩子，就能讓他們接受玩樂高。」

*http://www.strongodors.com/

治療

所有從包裝盒裡拿出來的樂高，都在對孩子們訴說一件他們早已樂在其中的事──玩積木，同時還藉由組建說明書，詳細地提供了組合的方法。玩樂高模型不僅僅是遊戲而已，組建模型的過程，還包含了克服挑戰和解決問題。完成模型之後，會帶給孩子一種重要的成就感。「每個組件都必須在正確的位置，讓孩子在不知不覺中，就學會付出心力，並克服過程中所出現的挑戰。」迪桑諾寫道。對自閉症孩子來說，在這樣一個令人沮喪又困惑的世界中，玩積木是一樣他們做得好、可以完成的事。

樂高療法驚人的效果，早在很久之前推出的傳統組合中，就已經看得出來。位於紐澤西州福爾西斯鎮的「神經系統及神經發展健康中心」(Center for Neurological and Neurodevelopmental Health，簡稱CNNH)，是一家專門幫助病患戰勝腦部疾患的機構，這裡的醫師和治療師，已經持續為自閉症孩童提供樂高療法，達15年之久。

　　和迪桑諾的經驗不一樣的地方是，這家機構的樂高療法，有一群孩童一起參與。自閉症最為難纏的症狀之一，就是孩童在與同儕互動時，會感到極大的困難。一般孩童的日常活動，例如聊天、一起玩耍等，都會引起自閉症孩子的沮喪和退縮。樂高療法讓孩子在從事有趣的活動的過程中，帶領他們彼此合作。

　　「成人訓練師會透過設定挑戰，讓孩子們必須聯合和交流，共同完成某項工作；藉此鼓勵孩子們彼此互動，並構思出他們自己的解決方案。」CNNH的網站上如此寫道。活動主持者會分派小組的成員各自不同的角色，例如：其中一個孩子可能專門負責讀模型指示，另一個負責將模型組件分類，第三個則將組件組合在一起。沒有任何人可以不倚靠其他人的協助，而獨力完成。當孩子們習慣了自己扮演的角色之後，就會被要求互相調換。年紀較大、更為精明的孩子們，甚至可以完成定格動畫（參見第7篇），輪流擔任導演、攝影，及模型調整的角色。這些活動一邊給予孩子們挑戰，一邊讓孩子持續學習社交的技巧。

樂高玩行銷

Marketing with Bricks

有一小撮樂高玩家，真的有人「付錢」讓他們組合模型。西恩‧肯尼的樂高DSi，就是該產品在2009年推出時，受遊戲機廠商委託製作的。

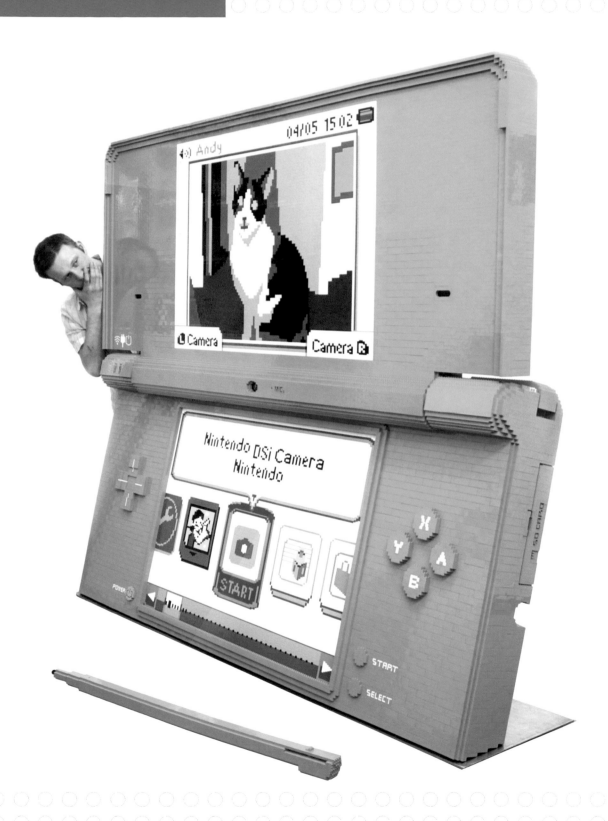

納善·沙瓦亞的開利冷氣機模型，它甚至還可以運作呢！裡頭有個風扇，從通風口送出徐徐微風。

雖然也許不像協助自病症孩子那樣重要，不過許多公司想要促銷新產品或舉辦活動時，也會求助於樂高。不尋常的樂高模型，已經變成公關人或行銷人希望讓產品在新聞中曝光的方式。

在前一篇提到過的西恩·肯尼，是經樂高認證的專業人士，他曾經在任天堂DSi上市時，接受委託，製作一個巨型的模型。這個模型使用了51324片積木，構築在一個焊接的鐵骨架上。這個模型被數十個主要的消費電子產品網站如：Engadget和Gizmodo報導。同時，拍攝模型製作過程的「延時影片」（譯按：time-lapse movie，將長時間拍攝的影片快速放映的一種影像處理技巧），在Boing Boing網站上播放。這個模型作品，最後被擺放在位於紐約洛克斐勒中心的任天堂世界商店中。

除了可以吸引媒體的注意，巨型的模型在年會中也很熱門。有時模型玩家甚至會直接在贊助廠商的攤位上組合模型，讓參加年會的觀眾，有機會觀察模型的製作過程。2005年，於西雅圖舉辦的國際船舶展（Seattle International Boat Show）中，大會的主辦單位便委託納善·沙瓦亞（參見第6篇），為大會製作一個模型。

「當對方告訴我，我必須在會期的10天當中製作這個模型，我說沒問題。」沙瓦亞在一次訪問中表示：「當對方說，他希望這個模型是以1/2的比例，打造一艘Chris-Craft快艇，我也說沒問題。當他說，會提供免費的Twizzlers糖果時（譯按：美國賀喜公司生產的一種長條狀、紅色甘草糖），我馬上就訂機票，開始製作模型了。」沙瓦亞在會展期間製作這艘快艇模型，連續9天，每天工作長達18小時。他用了數十萬片的積木，吸引了數千個目瞪口呆的觀眾，為展覽吸引來許多的注意力，同時還順便破了世界最大的樂高船舶模型記錄。

為太空升降機製作原型
Prototyping a Space Elevator

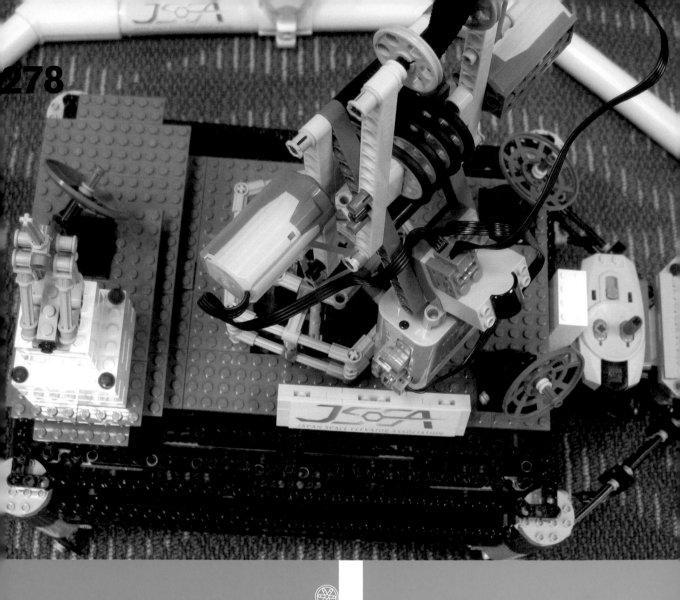

日本太空升降機協會 (Japan Space Elevator Association，簡稱JSEA) 的成員們，用【創意大師】系列的組件，為他們設計的太空升降機，製作了一個可以運作的模型，引起許多話題。

　　太空升降機是一種到達太空軌道的理論方法，方法是將一條纜索從同步衛星上垂放至地球上，再以可升降的車廂 (稱為『攀爬者』) 利用電力而非火箭燃料，將車廂送上太空。雖然理論上聽起來可行，但政府單位認為這種科技距離現在還有一百年之久，因此並未花太多研究資源在這個領域上。儘管官方不重視──也許正因為如此──業餘愛好者們卻從未放棄這項科技，並且還成立了相關組織，舉辦聚會，分享他們的研究成果。

　　其中一個聚會是2008年舉行的「太空升降機研討會」，活動由微軟和「太空機械及科學學會」(Space Engineering & Science Institute) 贊助。這是一個小型、讓人昏昏欲睡的會議，參加者約有60到70人，其中包括了JSEA的代表們，而他們就帶著這個樂高模型參加會議。

　　「他們建造這個模型，就是為了吸引注意力。」太空升降機部落格的編輯泰德‧西門在訪問中回憶道。此舉果然奏效──這場研討會瞬間成為注目焦點，科技部落格Gizmodo也刊登了JSEA的模型。這件事告訴我們，即使像是太空發展這類相對較為令人興奮的領域，偶爾也會需要樂高模型來上這麼一下。

在美國升空的當天，LUXPAC和其他的實驗器材一同飛向高空，在氣球載具破裂之後墜落，被回收研究。

高空樂高
High-Altitude LEGO

有些公司在行銷活動中，會利用樂高讓人加深印象，但有時候，樂高集團也會利用自家的深口袋，以及嫻熟的行銷技巧，來宣傳自家的產品。2008年，樂高集團和勁量電池、美國國家儀器、內華達大學利諾分校，以及內華達太空獎學金，共同贊助一系列的科學研究。這些科學研究：「高空樂高大會串」(High Altitude LEGO Extravaganza，簡稱H.A.L.E.) *，是以2個氣象用氣球為基礎。重點是，所有的實驗器材都必須是以樂高集團的【動腦】機器人系統（參見第10篇）為基礎來製作，這是因為樂高希望【動腦】產品10週年的訊息，能藉此活動引起公眾注意。

世界各地的學校，都被邀請參加這個以【動腦】產品為基礎的氣象學實驗，由氣球載著這些實驗器材升空。最後，有9支學生隊伍，分別來自美國、台灣、盧森堡、瑞典，以及丹麥，成功地讓器材升至99500英呎的高度，也就是氣球的最高極限。

*High Altitude LEGO Extravaganza 參見網站：http://www.unr.edu/nevadasat/hale/

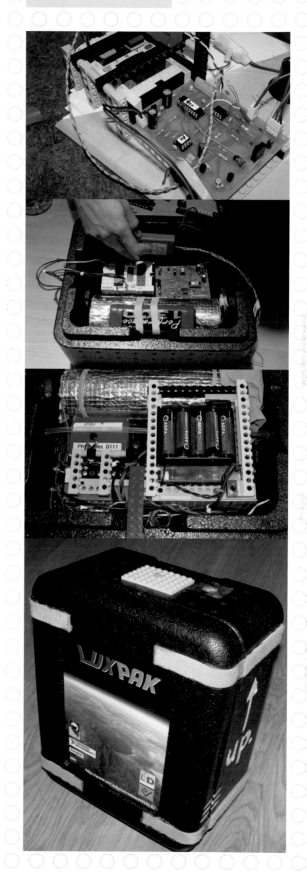

組裝好LUXPAK，等待迎接升空日
的到來。

281

　　由克勞德·包曼 (Claude　Baumann) 和其他3位老師
帶隊的盧森堡隊，製作了名為LUXPAK的組合，可以同時測量
臭氧濃度、氣壓、溫度，以及反射光線，用的是各式各樣學生
組建的電子設備，並且由1個動腦RCX組件控制。雖然無法親
身參與氣球升空，但學生們把這些實驗器材打包好，寄送到
內華達。一旦啟動之後，這個組合中的遙測裝置，就可以透過
Google　Map的APRS服務來追蹤，APRS服務可以將業餘無
線電玩家 (火腿族) 傳送的天氣及位置資訊，標記在地圖上。

　　物理教授布蘭·戴維斯 (Brian Davis) 提交了兩個組合。
其一，是稱為「吉普賽人」(Gypsy) 的器材，內含一個裝在樂
高機箱中的數位相機，利用動腦的伺服機來控制電源並按下
快門，另一個裝置則用來切換攝影或拍照模式。另一個實驗裝
置「小喬」(Lil' Joe)，則配備一個HiTechnic公司生產的加速度
傳感器、一個登山用的GPS發信器，還有一個降落傘。小喬的
作用是升至大氣層的高空中，並以重力加速度落下直到降落
傘打開；其軌跡可以透過GPS信號搜尋。

　　其他H.A.L.E.的實驗器材，還包括瑞典隊的機器人，名叫
FREE-E，它可以在高度變化時，利用傳感器計算重力的變化。
台灣隊的Brix-Catcher機器人，可以收集大氣中的微粒。還有
一個由四年級小朋友組合的器材，可以測試棉花糖在高空中
的變化。甚至還有個由樂高動腦團隊組合的祕密實驗器材，在
出任務的過程中失去蹤影。

　　到了發射當天，氣球被釋放升空。在82000英呎的
高度，小喬被發射出去，展開它的自由落體行程；同時
間，H.A.L.E.的氣球則繼續升空，直到達到約100000英呎。在
此高度下，天空是黑色的，而地球的弧度則十分明顯。儘管目
的相當現實，H.A.L.E.的實驗器材畢竟上了太空。下墜60秒之
後，小喬的降落傘打開了，雖然降落傘只有部分開啟，它還是
安全地著地。其他的實驗器材也都活下來了，只有謎樣的動腦
團隊組合，始終未被尋獲。

　　H.A.L.E.絕非第一次由學生參與的氣象實驗，但這個事件
不斷地被各種電子產品網站、科技網站和玩具網站報導及轉
載。

摩天大樓視覺化

LUXPAK和H.A.L.E.其他的實驗器材,若不是用樂高【動腦】系統做的,還會上得了新聞嗎?任天堂DSi的產品發表會,若沒有一個巨型的樂高產品模型,還會有這麼多人注意到嗎?實在很難說。這些行銷活動之所以奏效,利用的是樂高深入每個家庭、每個人看見樂高都會產生某種親切感此一事實,即便這些人對於科技或消費性電子產品,可能一點興趣也沒有。

但有些情況下,使用樂高的原因不是來自於機會主義式的行銷手法,還有更深層的根源。哥本哈根的建築師事務所Bjarke Ingels Group(簡稱BIG),想要推廣一個摩天大樓的建案,因而捨棄傳統的模型材料,改以樂高積木製作建築模型。這家事務所,以人偶比例尺寸組建大樓模型,結果成為一個推滿整間房間的巨大模型,用掉了250000片積木,還有1000個樂高人偶。這個大樓和其他4個BIG事務所的作品,在2007年時,於紐約的藝術與建築店面(譯按:Storefront for Art and Architecture,紐約著名非營利建築藝廊)中展出。

為何BIG事務所選擇用樂高當材料,製作建築模型?就如同我們在第1篇中所敘述的,丹麥這個國家和它最著名的玩具之間,有著密不可分的關係。「在『馬歇爾計畫』(譯按:Marshall,二戰後美國對被戰爭破壞的西歐各國進行經濟援助、協助重建的計劃,對歐洲國家的發展和世界政治格局產生了深遠的影響。)實行的那幾年,丹麥正在進行重建,而美國對於預鑄混凝土的偏好,遠超過其餘的建築形式;因此現代丹麥

就變成一個完全用樂高積木打造的國家了。」展覽的傳單上如此寫道。

正因為大多數的丹麥建築,都使用預鑄的模組,因此用樂高來詮釋,就顯得很自然。正如一開始的時候,BIG事務所就利用樂高的數位設計軟體,來說服一位三心二意的業主下決定。「到最後,我們給了這位客戶他的房子的樂高模型,他把這個模型給兒子看,然後就同意我們施工了。」

在摩天大樓一案中,BIG事務面臨了另一個難題:哥本哈根市民,基本上不喜歡高層建築,原因來自於20世紀之初,消防隊的雲梯只能達到70英呎高。許多優秀的建案,就因為這種阿Q式的精神,而遭到否決。為了緩和反對意見並贏得民眾對高層大樓的支持,BIG事務所於是將大樓設計成有一個寬闊的基地,基地上有許多對鄰里友善的設施;並且建築物透過一系列的平台和露台層層退縮,最後才變成一個完整的塔樓。

使用樂高製作模型——模型中可以看見許多樂高人偶——讓這個建案多了一點趣味和人味。即使建築材料訴求丹麥人對樂高的喜好,這個事實也無傷大雅。

Visualizing Skyscrapers

290

（左）原本謎樣的「安提基特拉機械」，在現代的X光機和斷層掃瞄機的協助下，才得以看透它鏽蝕的外表。

（右及下）從被發現之後超過一個世紀，「安提基特拉機械」才被重新建構，重現它原本可能的配置——不過用的是樂高。

卡羅還製作了一個「安提基特拉機械」（Antikythera mechanism）的樂高模型。「安提基特拉機械」是在一艘沉船殘骸中被發現的，它是一台古老計算機械，製造時間約為西元前150年，功能是用來計算太陽、月亮的位置，以及日蝕和月蝕的日期。

這個裝置在1990年被發現時，只是一團謎樣的鏽蝕機件。一群科學家在科技的協助下，掃描了這個裝置，相關的細節才漸漸浮現。裝置的齒輪間距，符合古老的日月蝕計算公式，使得這個裝置和古希臘柯林斯城邦所使用的占星術相符。卡羅製作的復刻版，使用了超過100個【創意大師】的齒輪，以及7個不同的齒輪箱。它的精確度可以達到前後一至兩天的期間。

卡羅的模型，驚人地重現了這台原始的電腦，而且用的還是玩具的零件——此事再度證明，樂高可以用在正經八百的科學研究中。

無庸置疑，樂高首要、也是最大的目的，就是讓小朋友們玩。不過，樂高可以捕捉無數成人們的想像世界，並協助他們擴展他們的能力，釋放現代生活中，顯然缺乏的玩心。這一點，讓樂高成為成人們的一個重要工具。樂高幫助了創新者、治療師、建築師還有科學家，就這一點看來，樂高的重要性尚無其他玩具可以比擬。

尾聲

嚴肅玩樂高。

本篇的標題，某種程度上涵蓋了整本書的內容。對小朋友來說，樂高雖然好玩，但最多就是個玩具。然而，成人玩家卻願意花上大把銀子和時間，在這項嗜好上。他們咬牙組建模型，然後放在網路上和大家分享，享受其他玩家的讚美，或是縮起脖子來，接受批評。有些人創造新發明、有些人組建機器人，還有些人把半個房子都讓出來，從事這項嗜好。

對這些玩家來說，所有的樂高都是很嚴肅的。如果你說「那些樂高」他們就會瞪大眼睛看你（只有「樂高」，沒有「這些、那些」的）。他們會對劣質仿冒品如「大牌」、KRE-O的積木大聲咆哮。他們會互相爭論積木的顏色、舉辦別出心裁的競賽。若是有玩家把非樂高組件放進模型裡，或是改裝積木、把積木黏在一起，就會遭到純粹主義者玩家批判。

而對我們其他的人來說，很難不被成人樂高作品所引起的旋風席捲。翻閱這本書時，你會發現一個又一個精美的模型。有的作品如此的壯觀，我們根本就不可能奢望組建這樣的模型，因為這麼多積木的花費實在太過高昂；而有些模型只包含了20個組件，卻設計得如此巧妙，無需巨大就足以讓人印象深刻。

我們很容易就會將成人樂高愛好者作品中的創意和精采，歸功於他們所熱愛的奇妙樂高玩具，因為樂高具有可擴充性、有各式各樣的組件和顏色，並且製造品質是世界上其他玩具望塵莫及的。但從這一點，也讓人產生了一個疑問：樂高的成功，有多少部分要歸功於成人玩家？無庸置疑，大多數的小朋友不可能掏出500美金，花在一個模型組合上；或是對模型如此用心，要到樂高的線上商店（Pick A Brick）去採購某個特別的組件。這些都是為了成人玩家所設計的。

樂高積木也許為這些樂高追隨者帶來了靈感，但這些死忠的追隨者，也成就了樂高今日的樣貌──兩者都因彼此而更豐富。

我們由衷希望讀者在閱讀本書時，從某一頁中也會得到靈感，想要組建屬於自己的厲害模型，並且或許也成為樂高追隨者的一員。誠摯歡迎你。